Naturparke

in Österreich

„Natur erleben - Natur begreifen!“

Herfried Marek und Ewald Neffe

50 JAHRE NATURPARKE IN ÖSTERREICH – EIN HALBES JAHRHUNDERT ERFOLGSGESCHICHTE!

Die Österreichischen Naturparke feiern 2012 ihr 50-jähriges Bestehen. Fünf Jahrzehnte, in denen vier Leitmotive die mittlerweile 48 Österreichischen Naturparke geprägt haben:

... Natur mit Menschen und nicht vor Menschen schützen
... Erholung in gesunder Natur mit Kultur
... Pflanzen, Tiere, Lebensräume kennen lernen, erleben und darüber erzählen
... die Naturpark-Regionen entwickeln, Ein- und Auskommen schaffen

Nachdem in den Jahren des so genannten Wirtschaftswunders der Wienerwald von Erholungsbedürftigen und Naturliebhabern geradezu überrannt worden war, suchte man nach Entlastungsalternativen in der Peripherie der Bundeshauptstadt. In Sparbach bei Mödling wurde man fündig und gründete 1962 den ersten Naturpark Österreichs.

In den folgenden fünf Jahrzehnten sollten 47 weitere mit einer Gesamtfläche von bundesweit rund 500.000 Hektar hinzukommen, um sich schließlich im Verband der Naturparke Österreichs (VNÖ) zu vereinen.

Durch die Gründung des Verbandes 1996 erlangten die Österreichischen Naturparke eine gemeinsame Identität.
Zahlreiche Projekte, wie die Naturpark-Spezialitäten, Naturpark-Schulen oder Beschäftigungsprojekte in Niederösterreich und der Steiermark zeigen, was durch koordinierte Zusammenarbeit erreicht werden kann.

Liebe Leserinnen und Leser!

Die Österreichischen Naturparke sind besonders attraktive Natur- und Kulturlandschaften, die durch jahrhundertelange Bewirtschaftung entstanden sind und in denen der Mensch als gestaltender Faktor eine entscheidende Rolle spielt.

Die Naturparke Österreichs repräsentieren eine Vielfalt charakteristischer Landschaften, die sich durch ihre Unberührtheit, ihre natürlichen und kulturellen Höhepunkte sowie ein breites Angebot an Möglichkeiten des Naturerlebens und Naturbegreifens auszeichnen.
Beginnend in Niederösterreich, der Steiermark und dem Burgenland haben sie sich über ganz Österreich ausgebreitet, sodass es heute bereits 48 Naturparke in sieben Bundesländern gibt. Die Anzahl der Regionen, die „Naturpark" werden wollen, ist ständig steigend - so gibt es derzeit noch einige weitere Naturparkprojekte, die in den nächsten Jahren umgesetzt werden sollen.

Ein Naturpark ist ein geschützter Landschaftsraum, der aus dem Zusammenwirken von Mensch und Natur entstanden ist. Oft handelt es sich um Landschaftsräume, die im Laufe von Jahrhunderten die heutige Gestalt bekommen haben und die durch die Menschen, die hier leben und wirtschaften, durch schonende Formen der Landnutzung und der Landschaftspflege erhalten werden sollen.
Die Basis für diesen Bildband sind die faszinierenden Fotos von Herfried Marek und Ewald Neffe, die die Vielfalt der Landschaften und die Besonderheiten von Fauna und Flora in den Naturparken nicht nur mit der Kamera, sondern auch mit dem Herzen einfingen.
Ich wünsche Ihnen viel Freude beim Schmökern und lade Sie herzlich ein, in einen der zahlreichen Naturparke zu kommen und sich selber von der Schönheit der Natur- und Kulturlandschaften zu überzeugen.

Mag. Wolfgang Mair
Präsident Verband der Naturparke Österreichs

ÖSTERREICHISCHE NATURPARKE

Gleichrangiges Miteinander von ...

SCHUTZ

Ziel ist, den Naturraum durch nachhaltige Nutzung in seiner Vielfalt und Schönheit zu sichern und die durch Jahrhunderte geprägte Kulturlandschaft zu erhalten.

- Besucherlenkung
- Naturkundliche Informationen
- Sanfte Mobilität
- Schutzgebietsmanagement
- Forschungsprojekte
- Vertragsnaturschutz

ERHOLUNG

Ziel ist, dem Schutzgebiet und dem Landschaftscharakter entsprechend, attraktive und gepflegte Erholungseinrichtungen anzubieten.

- Wanderwege
- Rad- und Reitwege
- Rast- und Ruheplätze
- Naturnahe Erlebnisspielplätze
- Familienfreundlichkeit
- Barrierefreiheit

BILDUNG

Ziel ist, durch interaktive Formen des Naturbegreifens und -erlebens und durch spezielle Angebote Natur, Kultur und deren Zusammenhänge erlebbar zu machen.

- Themenwege
- Erlebnisführungen
- Informationszentren
- Naturpark-Schule
- Zielgruppenspezifische Angebote
- Seminare, Kurse, Ausstellungen
- Brauchtumspflege

REGIONALENTWICKLUNG

Ziel ist, über den Naturpark Impulse für eine regionale Entwicklung zu setzen, um damit die Wertschöpfung zu erhöhen sowie die Lebensqualität zu sichern.

- Zusammenarbeit Naturschutz Landwirtschaft, Tourismus Gewerbe und Kultur
- Arbeitsplätze durch Naturparke
- Sozial- und umweltverträglicher Tourismus
- Naturparkprodukte nach definierten Kriterien
- Naturpark-Gaststätten

Naturparke sind Modellregionen für nachhaltige Entwicklung

Inhaltsverzeichnis

NIEDERÖSTERREICH

STEIERMARK

BURGENLAND

OBERÖSTERREICH

TIROL

SALZBURG

KÄRNTEN

Österreichische Naturparke im Überblick ...

Niederösterreich

1 Blockheide-Gmünd
2 Buchenberg
3 Dobersberg
4 Eichenhain
5 Eisenwurzen NÖ
6 Falkenstein-Schwarzau/Gebirge
7 Föhrenberge
8 Geras
9 Heidenreichsteiner Moor
10 Hochmoor Schrems
11 Hohe Wand
12 Jauerling-Wachau
13 Kamptal-Schönberg
14 Leiser Berge
15 Mannersdorf-Wüste
16 Nordwald
17 Ötscher-Tormäuer
18 Purkersdorf – Sandstein-Wienerwald
19 Seebenstein/Türkensturz
20 Sierningtal-Flatzer Wand
21 Sparbach

Steiermark

22 Almenland
23 Mürzer Oberland
24 Pöllauer Tal
25 Sölktäler
26 Steirische Eisenwurzen
27 Südsteirisches Weinland
28 Zirbitzkogel-Grebenzen

Burgenland

29 Geschriebenstein-Irottkö
30 Landseer Berge
31 Neusiedler See – Leithagebirge
32 Raab-Örség-Goričko
33 Rosalia-Kogelberg
34 Weinidylle

Oberösterreich

35 Attersee-Traunsee
36 Mühlviertel
37 Obst-Hügel-Land

Tirol

38 Karwendel
39 Kaunergrat (Pitztal-Kaunertal)
40 Ötztal
41 Tiroler Lech
42 Zillertaler Alpen

Salzburg

43 Buchberg
44 Riedingtal in Zederhaus
45 Weißbach

Kärnten

46 Dobratsch
47 Weissensee

Naturpark BLOCKHEIDE-GMÜND-EIBENSTEIN

Im Norden wackeln die Steine

Die Blockheide präsentiert sich als abwechslungsreiche Heidelandschaft im nordwestlichen Waldviertel mit der für die bäuerliche Waldviertler Kulturlandschaft typischen engen Verzahnung von Wiesen, kleinteiligen Äckern und Mischwäldern. Riesige Granitblöcke, teilweise originell geformt wie z.B. Pyramide oder Brotlaib, zum Teil als Wackelsteine ausgeprägt, sind in die Landschaft eingestreut.

Der Kleine Fuchs (Aglais urticae, Syn. Nymphalis urticae) kann bis in Höhen von 3.500 Meter vorkommen.

Einrichtungen und Angebote:

- Aussichtsturm mit Ausstellung „Geburt der Wackelsteine“
- Informationszentrum mit Shop
- Meridianweg am 15. Meridian
- Geologisches Freilichtmuseum
- Spielplätze: mit Steinlabyrinth, Riesen- und Zwergen-Picknickplatz, Birkenmikado, Wasserspielplatz
- Themenwege GRANITkulTOUR, MYTHOlogieTOUR, LANDSCHAFTSkulTOUR
- Erlebnisführungen
- Wechselnde Ausstellungen
- Keltischer Baumkreis und Festwiese

www.blockheide.at

Die Besenheide (Calluna vulgaris) oder Gemeines Heidekraut kann im Naturpark beim Mondteich und den Teufelssteinen gefunden werden.

Unförmige Quader, sanft gerundete Riesenbrotlaibe, Granitblöcke wie Bausteine übereinander getürmt, schalenförmige Steine, kugelige und pilzförmige Gebilde. Der Naturpark Blockheide-Gmünd-Eibenstein regt zu jeder Zeit die Phantasie der Menschen an.

Die Steine der Blockheide sind weder Teufelswerk, noch Relikte aus der Eiszeit. Sie stammen vielmehr tief aus dem Erdinneren und stellen somit Zeugen uralter erdgeschichtlicher Vorgänge dar. Lange Zeit sah man in den Felsbrocken Findlinge aus der Eiszeit, bis man feststellen musste, dass das Waldviertel nie unter den Gletschermassen verborgen lag. Nun ist man sich ziemlich sicher, dass wir mit diesen Steinen Relikte vor uns haben, die Überbleibsel von erstarrtem Magma sind.

So zeigt sich der Blockheideteich im Oktober.

Zahlreiche Sagen und Märchen spinnen sich um diese Landschaft. Nach der Erschaffung der Welt soll der Gottvater noch viel zu arbeiten gehabt haben. Eines Tages wanderte er über den Manhartsberg nach Westen und sah viele kleine und große Steine umherliegen. Dies erregte sein Missfallen und er wollte sie deshalb einsammeln. Er band sich ein Fürtuch um und begann mit der Arbeit. In der Gegend der heutigen Blockheide war es bereits voll. Das Tuch zerriss unter der Last der schweren Steine und sie fielen auf die Erde. Die Steine rollten über die Täler und Wälder, es wurde dunkel und der Herrgott ermüdete. Er ließ die Steine liegen und ging heim. Am nächsten Tag hatte er auf die Steine vergessen und sie blieben bis zum heutigen Tag verstreut und ohne feste Ordnung in der Landschaft liegen.

Naturpark BUCHENBERG

Waldkauz Ossi's grünes Wohnzimmer

Der Natur- und Erlebnispark Buchenberg umfasst ein Mischwaldgebiet im südwestlichen Mostviertel am Rande der „Stadt der Türme" Waidhofen/Ybbs. Die Waldschule Buchenberg bietet „Natur hautnah" bei zahlreichen Erlebnisführungen; der Wildpark hegt bekannte und unbekannte heimische Wild- und Haustiere.

Nach dem Bären und dem Wolf ist der Eurasische Luchs oder Nordluchs (Lynx lynx) das größte Raubtier, das in Europa heimisch ist.

Einrichtungen und Angebote:

- Wolfsanlage
- Murmeltier- und Sumpfschildkröten-anlage
- Waldkletterpark für die ganze Familie
- Wildpark mit großem Haustierbereich
- Ossi's Waldheimat mit einzigartigem Eulen-Mythoswald
- Informationszentrum im Naturparkhaus
- Abenteuerspielplatz mit Weidenlabyrinth und Indianerdorf
- Lebensraum Urwald
- Luchs- und Wildkatzenanlage
- Waldschule mit umfangreichem Führungsangebot
- Multisensorische Lehrpfade
- Almbar mit Naturparkprodukten im Haustierbereich

www.tierpark.at

Die Schneerose oder Christrose (Helleborus niger) bevorzugt Buchenmischwälder und kann am Gelände des Naturparks im Wald gefunden werden.

Der Buchenberg schmiegt sich mit seinen sanft bewaldeten Hängen an Waidhofen, die mittelalterliche Stadt der Türme. Tief unten im Tal träumt die Ybbs.

Naturpark DOBERSBERG

Romantik des Thayatals erleben

Am nördlichen Thayabogen gelegen, ist das prägende Element des 200 Hektar großen Naturparks die naturnahe Flusslandschaft mit Auwaldresten, Hang-Schluchtwäldern und weitläufigen Feuchtwiesen. Romantische Wege und Steige führen am Flussufer entlang, über weite Thayawiesen und auf bewaldete Höhenrücken.

Im Gegensatz zum Weißstorch ist der Schwarzstorch (Ciconia nigra) ein scheuer Bewohner alter, geschlossener Wälder, die Still- und Fließgewässer aufweisen.

Einrichtungen und Angebote:

- Info - Shop - Museum (Sa., So. u. Feiertags 10-12 u. 14-16 Uhr); Opalzentrum (Dobersberger Dendritenopal)
- Wildtiergehege, Jungbrunnen, Grillhütte, Kinderspielplätze
- Farnschlucht, Felskanzel, Steinkreis
- Arena Geomantica (Kraft- und Meditationsplatz)
- Waldlehrpfad, Wünschelrutenweg
- Standardwanderungen zum Lauf der Jahreszeiten, auch Schulklassen
- Standardwanderungen zu Urgestein, Wald, Wüstung
- Für Exkursionen Anmeldung erforderlich

www.naturparke.at

Die Stieleiche (Quercus robur), kann im Naturpark bei Schellings bewundert werden. Sie hat einen Stammdurchmesser von 2,60 und einen Umfang von 8,20 Meter.

Eine mystische Welt voll seltsamer, steinerner Gebilde eröffnet sich dem Besucher des Thayatals. Einst errichteten Druiden hier ihre religiösen Stätten. Energielinien beeinflussen sensible Besucher und schaffen einen besinnlichen Ort zum Entspannen und Kraft tanken. Die Natur des Parks kann auf vielfältige Weise erlebt werden. Radwanderwege und Reitpfade führen entlang von blühenden Wiesen und Feldern. Die naturbelassene Flusslandschaft mit den idyllischen Teichen und malerischen Auen lernt man nur kennen, wenn man sich auf das Wasser wagt. In Kanus oder kleinen Booten erreicht man einsame Plätze und rastet unter den überhängenden Ästen der verwachsenen Ufer.

DIE UNENDLICHE ZEIT

Das Waldviertler Thayaland hat sich Zeit genommen, zu wachsen und sich zu formen. Zu sich selber finden in der Stille der Wälder - lautet die Devise dieses Naturparks, der mit der Kraft der uralten Steine träumt und die Harmonie der Natur in sich aufgesogen hat. In dieser ruhigen Landschaft können alle lernen, sich Zeit zu nehmen und die Hektik des Alltags hinter sich zu lassen ... unendlich.

Das Biotop „Felsenteich“ am Maiswaldplateau.

Angleroase Schellingsteich.

Naturpark EICHENHAIN

Wo der Wienerwald die Donau streift

Der Naturpark umfasst den Wienerwaldanteil zwischen Klosterneuburg und St. Andrä-Wördern. Charakteristisch sind die Buchen- und Eichenwälder auf sanften Erhebungen bis 500 Meter mit eingestreuten Wiesen, deren Abhänge bis nahe an die Donau reichen.

In Europa ist das Eichhörnchen (Sciurus vulgaris) in Laub- und Mischwäldern heimisch. Als Kulturfolger ist es inzwischen in Parks und Gärten häufig zu finden.

Einrichtungen und Angebote:

- Künstlerweg der „Gugginger Künstler“ („Art Brut“)
- Obstlehrpfad
- Greifvogelzuchtstation Unterkirchbach
- Hagenbachklamm
- Mountainbikerouten
- Langlaufloipe
- Klosterneuburger Weinerlebnisweg

www.naturparke.at

Grüner Veltliner, Weißgipfler (Vitis vinifera susp. vinifera). Er gedeiht besonders gut auf Lössböden und wird in ganz Niederösterreich angebaut.

Der Naturpark Eichenhain bildet mit seinen Spazierwegen einen Erholungsraum so richtig zum Ausspannen. Man bietet zum Beispiel mehrere Rastplätze und Einkehrhütten, wie die Windischhütte im Zentrum des Parks auf 497 Meter Seehöhe, an. 60 Kilometer Wander- und Spazierwege geben allen Altersstufen die Möglichkeit, das herrliche Parkgebiet kennen zu lernen. Auch der 200 Kilometer lange Wienerwaldweitwanderweg führt durch den Naturpark.

Entlang des Klosterneuburger Weinerlebnisweges erhalten die Besucher Informationen über Weinbau und Weinsortenkunde. Wie auf dem obigen Bild zu sehen ist, gibt es eine großartige Sicht auf das romantische Augustinerchorherrenstift und die Donau. In Klosterneuburg und Umgebung gibt es viele Heurige, die zum Verweilen einladen.

Naturpark EISENWURZEN NÖ

Hämmer, Bike und Wanderstiefel

Die Niederösterreichische Eisenwurzen liegt im Dreiländereck Oberösterreich, Steiermark und Niederösterreich. Die Mittelgebirgslandschaft wird hier bereichert von Urwaldresten, waldreichen Schluchten, lieblichen Almen und kleinen, blumenreichen Waldmooren. Der Hauptort Hollenstein/ Ybbs ist geprägt von der langen kulturellen Entwicklung im Zusammenspiel von Eisen, Holz und Wasser.

Der Prächtige Blattkäfer (Chrysolina fastuosa) wird nur etwa fünf Millimeter lang. Das Außenskelett glänzt metallisch in den Farben blau, grün, rot und violett.

Einrichtungen und Angebote:

- Hammer- und Zwergenschmiede Treffenguthammer
- Grill-, Rast- und Wohnmobilstellplatz Wentsteinhammer
- 25 km beschildertes Wanderwegenetz
- Mountainbikerouten
- Schautafeln im Naturpark
- Schipisten am Königsberg
- Geführte Schneeschuhwanderungen
- Naturpark Erlebnisführungen
- Schulprojekttage und -wochen
- Themenwege Sagenweg und Spitzhiatl's Schatzsucheweg
- Wanderreiten

www.naturpark-eisenwurzen.at

Clusius-Primel (Primula clusiana), Jagabluat. Im Naturpark findet man sie schon zwischen 500 und 600 Höhenmetern bei Sandgraben und Krautmauer.

Der Naturpark Eisenwurzen Niederösterreich grenzt direkt an den steirischen Naturpark Eisenwurzen an, gehört zur Tourismusregion Mostviertel alpin und befindet sich an der Österreichischen Eisenstraße. Den idealen Zugang hat man von Hollenstein/Ybbs aus, wo das Naturparkgebiet nach vier Kilometern im Bereich des Wentsteinhammers beginnt und nach weiteren 10 Kilometern im Mendlingtal bei Hof/Lassing endet. Ein weiterer Zugang führt von Hollenstein, vorbei an der Kirche und der Gugermühle, in Richtung Königsberg-Schilifte bis zum Parkplatz Hochschlag.

Im Naturpark Eisenwurzen Niederösterreich wird die Natur als lebendiges Klassenzimmer angeboten. Erfahrene Naturparkführer bieten dabei Programmpakete an, die es den Kindern ermöglichen, die Geheimnisse der Natur auf spielerische und pädagogisch aufbereitete Art und Weise kennen zu lernen. Ein erstes Erforschen erfolgt während der Entdeckungsreise „Der Natur auf der Spur“, wo mittels Erfahrungsspielen Wald, Wiese, Moor und Wasser erkundet werden. Im Rahmen des Halbtages „Spitzhiatl's Wasserwelt“ wird eine Forscherwanderung am Gebirgsbach geboten. Gemeinsam entdeckt die Gruppe die Kleinstlebewesen und kann die Wasserproben unter dem Mikroskop untersuchen.

Blick von der „Lohhüttn“ auf die Voralpe. Der Berg hat zwei Hauptgipfel und zwar die 1.770 Meter hohe Stumpfmauer auf der Grenze zwischen Niederösterreich und Oberösterreich, die gegen Südosten hin mit einer steilen Wand abfällt und weiter südwestlich den 1.727 Meter hohen Tanzboden auf der Grenze zwischen Niederösterreich und der Steiermark. Auf dem Sattel zwischen den Gipfeln befindet sich das Dreiländereck. Die Voralpe kann von Hollenstein/Ybbs oder von Altenmarkt aus teilweise über Fahrwege, teils über Steige in etwa drei Stunden Gehzeit erstiegen werden. Der Übergang von einem Gipfel zum anderen nimmt etwa 45 Minuten Gehzeit in Anspruch.

Am Bild rechts ist das Gipfelkreuz der 1.770 Meter hohen Stumpfmauer zu sehen.

Auf dem Sattel südlich des Tanzboden-Gipfels befindet sich seit 2002 die Eisenstraßen-Skulptur "Dreiklang" mit den Wappen der drei hier aneinander grenzenden Bundesländer Niederösterreich (vorne), Oberösterreich (rechts) und Steiermark (links).

Naturpark FALKENSTEIN Schwarzau/Gebirge

Zum Raxkönig in den Zauberbergen

Das Kerngebiet (14 Hektar) umfasst den Westabhang des Falkensteins (1.011 Meter), eine Kalkklippe im Rax-Schneeberg-Gebiet. Der Naturpark ist reich an Karsterscheinungen wie Halbhöhlen, Quellen und Wasserfällen und bildet den Standort für eine auffallend reiche alpine Flora.

Beide Geschlechter der Gämsen (Rupicapra rupicapra) tragen Hörner, die als "Krucken" bezeichnet werden. Diese werden bis zu 25 Zentimeter lang.

Einrichtungen und Angebote:

- Tiergehege
- Teichanlage bei Schwarzau im Gebirge
- Holzbringungsmuseum
- „Hubmer-Gedächtnisstätte“
  mit interaktiver Holztrift-Modellanlage
- Führungen für Schulklassen

www.naturparke.at

Der Echte Seidelbast (Daphne mezereum), Gewöhnlicher Seidelbast oder Kellerhals kann im Naturpark entlang der Wanderwege gefunden werden.

Der Artenreichtum der Rax-Schneeberg-Region ist im kleinsten Naturpark Österreichs am Falkenstein erhalten geblieben. Das anfangs flache Gelände am Ufer der Schwarza steigt den leicht geneigten Westhang des Falkensteins empor bis zur steilen, alpinen Felsregion. Naturwiesen, Hochwald, Felsen und Wasserfälle prägen das für die Gegend so typische Landschaftsbild.

Um den Naturpark erstreckt sich ein etwa 50 Hektar großes Mischwaldgebiet, das gemeinsam mit dem Schutzgebiet einen idyllischen Erlebnis- und Erholungsraum für Naturliebhaber bildet.

Das Gebiet ist reich an rauschenden Wasserfällen und lieblichen Bächen.

Durch die Verkarstung des Kalkgesteins enstanden zahlreiche Halbhöhlen und Karstquellen.

Die reizvolle Landschaft ist durchzogen von Wanderwegen und lädt ein, die einzigartigen Naturphänomene näher zu betrachten.

Die Region ist in biologischer und klimatischer Hinsicht ein Grenzland. Hier treffen die rauen Ausläufer der Alpen mit den warmen Ebenen des Ostens zusammen. So bietet der Naturpark Tieren unterschiedlichster Herkunft Lebensraum. Die zentrale geografische Lage mitten in Europa und das Zusammentreffen der beiden klimatischen Zonen begründen die artenreiche Fauna und Flora der Region.
Eine Vielzahl verschiedener Schmetterlingsarten, Käfergattungen und anderer Insekten verbergen sich unter Steinen, Blättern und in Baumrinden. In den Talregionen des Falkensteins sind noch Siebenschläfer und Haselmaus unterwegs, weiter oben in gebirgigeren Regionen durchstreifen Füchse, Hirsche, Kolkraben und Uhus die Wälder.

Die Herrengrotte - ein herrlicher Rastplatz mit Bank und Tisch für`s Höhlenpicknick und einem Marienmarterl.

Naturpark FÖHRENBERGE

Rendezvous mit Ziesel und Schirmföhre

Die Föhrenberge bezeichnen ein ausgedehntes Waldgebiet des Kalkstein-Wienerwaldes, das von Mödling bis zum Südrand von Wien reicht. Sie bilden die Kulisse um den aktiven Naturpark Sparbach. Charakteristisch sind die schirmförmigen Schwarzföhren („Paraplui-Bäume"). Die zahlreichen Wiesen werden durch weitläufige Trockenrasen, wie z.B. die Perchtoldsdorfer Heide mit ihrer Zieselpopulation, ergänzt.

Das Europäische Ziesel (Spermophilus citellus) ist wohl das bekannteste und beliebteste Tier auf der Perchtoldsdorfer Heide.

Einrichtungen und Angebote:

- Burg Liechtenstein
- Husarentempel
- Mountainbikerouten
- Schutzhütten
- Quellen in Kaltenleutgeben

www.naturparke.at

Die Schwarzföhre (Pinus nigra austriaca), Schwarzkiefer ist der Charakterbaum an der Thermenlinie vom Schneeberg-Rax-Gebiet bis in den Wiener Raum.

Die Burg Liechtenstein steht auf einem Felsrücken in einer Seehöhe von ca. 300 Metern und wurde 1136 zum ersten Mal urkundlich erwähnt.

Der besondere Liebreiz der Naturparkregion um Geras wird aber erst durch die Hecken, Raine und Obstbaumbestände entlang der Äcker, Wiesen und Feldwege vervollkommnet. Vielleicht haben sie es vor Jahrhunderten von den Mönchen gelernt - heute wissen die Bauern noch immer, oder schon wieder, die Früchte dieser Wildgehölze zu nutzen. Als Rohstoffe für köstliche Marmeladen und Säfte, und natürlich auch als aromareiche Grundlage zum Vergären und Schnaps brennen.

Naturpark HEIDENREICHSTEINER MOOR

Moor & More

Das Herzstück des Naturparks bildet - seinem Namen entsprechend - das große Hochmoor nahe der Stadt Heidenreichstein im nordwestlichen Waldviertel. Die offene Moorfläche und der Moorwald am Rande des Winkelauer Teiches zeigen über 10.000 Jahre Vegetationsgeschichte, die man am Prügelsteg über dem Moor stehend, genau studieren kann.

Im Gegensatz zur Gebänderten Prachtlibelle findet man die Blauflügel-Prachtlibelle (Calopteryx virgo) auch an Waldbächen und an Moorbächen und -gräben.

Einrichtungen und Angebote:

- Prügelsteg über das Moor
- Aussichtsturm
- Moorpfad und Teichweg
- „Baumhoroskop“
- Moortretanlage
- Naturdenkmal „Hängender Stein“
- LandArt-Installationen
- Naturteich mit Bademöglichkeit (Gemeindeteich)
- Geführte Wanderungen von Mai bis Sept.
  MOOR & MORE
  MOOR & MOON

www.moornaturpark.at

Der Rundblättrige Sonnentau (Drosera rotundifolia) kann im Naturpark von den durchs Moor führenden Stegen aus entdeckt werden.

Blick vom Aussichtsturm auf den Winkelauer Teich.

Große, gerundete Felsblöcke, Wackelsteine und Felsburgen wie der „Hängende Stein" sind im Granitgebiet des Wald- und Mühlviertels häufig anzutreffen. Diese Felsgebilde sind durch Verwitterung und Abtragung entstanden. Entlang von Klüften und Rissen konnten die Teilblöcke des Granitkörpers durch eindringendes Wasser von den Rändern her zu Lehm und Sand zersetzt werden. Die Granitblöcke sind also von der Verwitterung noch verschonte Restlinge oder Härtlinge, jedoch keine Findlinge. Ein Findling ist ein durch Gletschereis von seinem Entstehungsort zu seinem heutigen Fundort transportierter Felsblock. Das Waldviertel war aber zu den Eiszeiten weitgehend unvergletschert.

Ein Teil des Rundweges führt als so genannter Prügelsteg über die Moorfläche, wodurch man trockenen Fußes die eigentümliche Pflanzenwelt und das reich strukturierte Mikrorelief aus nächster Nähe beobachten kann. Besonders in den Morgen- und Abendstunden lässt sich entlang dieses Weges die einzigartige Stimmung, die von der Moorfläche ausgeht, erleben.

Der 31 Hektar große Naturpark, der gleichzeitig als Naturschutzgebiet ausgewiesen ist, liegt im Gebiet der Gemeindeau. Dort befindet sich auch das Verlandungsmoor am Winkelauer Teich, das zum Naturpark gehört und als Naturjuwel ein Ort der Erholung und Muße für Einheimische und Gäste ist.
Die Lage des Parks ist nicht zufällig. Denn der gesamte nordwestliche Teil des Waldviertels beherbergt etliche Moorgebiete wie das ebenfalls als Naturpark ausgewiesene Schremser Moor oder das Haslauer Moor.
Es handelt sich bei dieser Landschaft um ein uraltes erodiertes Gebirge, das im Laufe der Erdgeschichte zu einem Hochplateau mit Höhenlagen um 600 Meter abgetragen wurde. Man spricht vom Rumpfschollengebirge der Böhmischen Masse, das aus hartem Granit besteht und ein Alter von 350 bis 400 Millionen Jahren aufweist. Dennoch tragen die Waldviertler Moore eine andere Entstehungsgeschichte in sich als vergleichbare Gebiete in den Alpen.
Denn es fehlte die Vereisung im Rahmen der letzten Eiszeiten.
Die Waldviertler Moore sind daher als Versumpfungsmoore zu bezeichnen, deren Alter bei etwa 10.000 bis 12.000 Jahren anzusetzen ist. Weil sowohl der Granit, hier der grobkörnige Eisgarner Granit, als auch die ihn überlagernden sandig-tonigen Verwitterungsdecken wasserundurchlässig sind, haben sich zuerst sumpfige Wannen und Teiche gebildet. Manche entwickelten sich zu den herrlichen Hochmooren, wie hier in Heidenreichstein.

Den Naturpark erlebt man am besten entlang des Rundweges, der beim Parkplatz an der Bundesstraße beginnt und von dort an den Rand der offenen Moorfläche führt. Schautafeln mit Texten und farbigen Darstellungen erläutern die Entstehungsgeschichte des Hochmoores, aber auch des Waldes.

Naturpark HOCHMOOR SCHREMS

Zwischen Himmel(-sleiter) und (Torf-)Erde

Der Naturpark - eine wunderschöne, stille Moorlandschaft - liegt im nordwestlichen Waldviertel, östlich der Granitstadt Schrems. Aus einem ehemaligen Torfstich entstanden, finden sich hier verschieden weit fortgeschrittene Moor-Regenerationsstadien und Moorteiche. Die „Himmelsleiter" - eine 20 Meter hohe Aussichtsplattform - garantiert besondere Einblicke in die faszinierende Torflandschaft.

Der Europäische Laubfrosch (Hyla arborea) ernährt sich nahezu von allen vorhandenen Insektenarten, daneben Spinnen und auch kleinen Nacktschnecken.

Einrichtungen und Angebote:

- Naturerlebniszentrum UnterWasser-Reich mit Erlebnisausstellung, Cafeteria & Shop
- Fischotter in natürlicher Umgebung
- Seilfloße für Kinder
- Individuelle Führungen & Workshops
- Geführte Wanderungen durch den Naturpark
- Aussichtsplattform „Himmelsleiter"
- Moorgeschichteweg

www.unterwasserreich.at

Der Sumpfporst (Rhododendron tomentosum Syn. Ledum palustre), oder Wilder Rosmarin wächst im Naturpark in der Nähe des Prügelstegs.

Die flache und schwer einsehbare Landschaft wird mittels der „Himmelsleiter" den Wanderern und Besuchern sichtbar gemacht. Es handelt sich dabei um eine auffällige künstlerische Holzkonstruktion, in der 108 Stufen hoch in den Himmel über dem Schremser Hochmoor führen. Auf der Plattform bietet sich dann ein perfekter Panoramablick über die mystische Moorlandschaft. Für die Himmelsleiter hat man 58 riesige Fichtenstämme in zwei parallelen Reihen verarbeitet. In der Mitte führt eine Metallstiege auf das Aussichtsplateau in 20 Meter Höhe.

Moore gehören zu den typischen Elementen der Waldviertler Urlandschaft. Sie füllen uralte Wannen innerhalb des Granit- und Gneishochlandes und werden von dunklen, ursprünglichen Wäldern umgeben.

Diese geheimnisvollen Lebensräume entstanden in erdgeschichtlich jüngster Zeit, als sich diese Gesteinswannen mit reichlich Niederschlag füllten. Sie verlandeten und später drangen Torfmoose in diese Becken ein, die als Spezialisten den sauren, allzeit feuchten und lebensfeindlichen Boden zu besiedeln imstande waren.

Nur angepasste Lebensformen konnten sich in diesen Biotopen entwickeln und auch auf Dauer behaupten. Vor allem die Torfmoose gehören zu diesen Individuen, die als eigenartige Pflanzen ganz besondere Eigenschaften aufweisen. Zum einen saugen sie das Wasser wie ein Schwamm auf. Zum anderen wachsen sie auf ihren eigenen abgestorbenen Pflanzenteilen weiter und bauen so unter sich eine natürliche „Deponie“ auf. Daraus entsteht der Torfkörper, der so hoch werden kann, dass die Moore den Anschluss an das Grundwasser verlieren. Echte Hochmoore werden dann nur noch vom Regenwasser mit Feuchtigkeit versorgt, was zu Nährstoffmangel führt. Der Sonnentau zum Beispiel bezieht den zum Leben wichtigen Stickstoff aus den Insekten, die er mit seinen klebrigen, mit Drüsen besetzten Blättern fängt.

Zusätzlich treten enorme Temperaturschwankungen zwischen Tag und Nacht auf, was zusammen mit anderen Standortsbedingungen ein besonderes Mikroklima ergibt. Auch daran sind die Pflanzen der Hochmoore angepasst, Defizite werden ab und zu mittels Tricks gelöst. Im Moor herrscht wegen der extremen Standortsbedingungen stets ein labiles Gleichgewicht. Die mächtigen Dorflager hingegen spiegeln innerhalb ihrer Horizonte die Vorgänge der letzten 7.000 Jahre wieder.
Menschliche Eingriffe wie Entwässerungen, Abtorfung und Aufforstung haben in den vergangenen Jahrzehnten zur Veränderung dieser Landschaft geführt.

Das Schremser Hochmoor bietet aber vor allem eine stille, poetisch anmutende Landschaft mit einer gelassenen Schönheit zu jeder Jahreszeit. Seltene Pflanzen- und Tierarten machen jede Wanderung zum puren Naturerleben, zäher Morast und uralte Torfschichten gehören ebenso dazu wie wassergefüllte Sümpfe, knorrige Waldpartien und glitzernde Teiche. Über all dem schwebt der modrige Geruch der Vergangenheit und der Nebel der letzten Herbsttage oder nach einem heftigen Sommergewitter.

Wasser ist Ausgangspunkt und Bedingung für Leben auf der Erde. Wasser ist aber auch wichtiger Lebensraum für Tiere und Pflanzen.
Das Erleben von Wasser, in all seinen Dimensionen, steht im Mittelpunkt des UnterWasserReichs in Schrems. Das Obere Waldviertel mit seinen Moorlandschaften, verschlungenen Flussläufen und ausgedehnten Feuchtgebieten ist der ideale Standort für das UnterWasser-Reich. Besuchern bietet das Zentrum außergewöhnliche Einblicke in die Welt des Wassers: In den Aquarien des Unterwasserzoos tummeln sich Wasserflöhe, Insektenlarven und kleine Fische. Im Außenbereich des Zentrums können Frösche, Libellen und Fischotter in ihrem natürlichen Umfeld beobachtet werden. Wasserterrassen, Teiche und Bachläufe zeigen die landschaftliche Einzigartigkeit des Waldviertels.

Das Waldviertel beherbergt die bedeutendste Fischotterpopulation Österreichs. Ursprünglich war der Fischotter (Lutra lutra) in ganz Europa weit verbreitet, erst im letzten Jahrhundert wurde sein Bestand derart dezimiert, dass er nach wie vor zu den seltenen Säugetierarten zählt. Wie alle Marder ernährt sich der Fischotter sehr vielseitig. Er lebt an Gewässern und jagt im Wasser nach Beute: neben Fischen und Fröschen frisst der Otter auch Krebse und Insekten. Im UnterWasserReich zeigt sich der faszinierende Säuger Besuchern in seinem natürlichen Lebensraum. Die Fütterung der Fischotter findet täglich um 10.30, 13.30 und 16.00 Uhr statt.

Blick vom Prügelsteg ins nächtliche Hochmoor.

Naturpark HOHE WAND

Ein Berg für Spiel und Spaß, Abenteuer und Genuss

Die Hohe Wand im südlichen Niederösterreich ist ein Bergstock der Kalkalpen. Die einzigartigen Steilwände sind schon von weitem sichtbar und bei Kletterern weit über die Grenzen bekannt. Für genussvolle Wanderungen ist das bewaldete Hochplateau mit besonderen Ausblicken ins Tal ideal. Bei Groß und Klein sind die Wildgehege mit Hirschen, Lamas, Mufflons, Steinböcken u.v.m. sehr beliebt.

Der Europäische Mufflon (Ovis orientalis musimon). Die männlichen Tiere der Mufflons werden Widder und die Weibchen Schaf oder auch Wildschaf genannt.

Einrichtungen und Angebote:

- Spiel- und Spaßberg
- Kindererlebnisweg
- Streichelzoo und Wildgehege
- Aussichtsturm
- Aussichtsterrasse Hohe Wand
- Felsenpfad
- Startplätze für Drachenflieger und Paragleiter
- Waldpädagogische Führungen
- Lamawanderungen
- Kalkofen und Kohlenmeiler

www.naturpark-hohewand.at

Der Türkenbund (Lilium martagon) oder Türkenbund-Lilie gedeiht in Laub- oder Nadelwäldern und ist im Naturpark an den Wegrändern anzutreffen.

Für alle die hoch hinaus möchten, bietet der Naturpark eine besondere Attraktion. Umgeben von schroffen Felsen bietet die Aussichtsterrasse Skywalk einen fast senkrechten Blick in die Tiefe. Frei wie ein Vogel, zum Glück jedoch auf sicherem Boden. Besonders Mutige nehmen den direkten Abstieg und lassen sich 150 Meter in die Tiefe abseilen - Nervenkitzel pur!

Blick von der Aussichtsterrasse Skywalk.

Naturpark JAUERLING-WACHAU

Hochgenuss am Dach der Donau

960 Meter ragt der Jauerling empor - der höchste Berg an der Donau überhaupt. Er verbindet die Regionen UNESCO-Welterbe Wachau und das Waldviertel. Die freifließende Donau, beeindruckende Täler, Steinterrassen, Wein- und Obstbau, Wiesen und Eichenwälder sowie die Viehwirtschaft formen den Naturpark. Malerische Burgen und Schlösser veredeln die Landschaft.

Die Östliche Smaragdeidechse (Lacerta viridis). Smaragdeidechsen bevorzugen sonnenerwärmte, süd-südwest-südostexponierte Geländehänge.

Einrichtungen und Angebote:

- Naturparkhaus am Jauerling (Do. - Di. 9-19 Uhr)
- Weitwanderwege Jauerling-Runde und Welterbesteig Wachau (www.welterbesteig.at)
- 350 km Rundwanderwege zwischen 1 und 3 Stunden (Gratis-Wanderkarte)
- Naturpark-BIOthek Spitz/Donau und Bauernladen Maria Laach
- Elektrofahrräder und Gratis-Leihräder (www.leihradl.at)
- Unsere Museen: Tal der Sonnenuhren in Weiten, Venusium Willendorf, Bäckereimuseum Mühldorf, Schifffahrtsmuseum Spitz, Kramurigwölb in Emmersdorf
- Wallfahrtskirchen Maria Laach und Heiligenblut
- Tierabenteuer: Wachauer Eselabenteuer in Emmersdorf und Kamelreitschule in Weiten.

www.naturpark-jauerling.at

Die Wachauer Marille (Prunus armeniaca) wird in den Naturparkgemeinden Aggsbach, Emmersdorf, Mühldorf, Maria Laach und Spitz angebaut.

Besonders die obere Wachau im Naturpark von Aggsbach bis Spitz ist in den ersten Frühlingstagen mit tausenden blühenden Marillenbäumen geschmückt.

Der Spitzer Graben ist das einzige Seitental im Weltkulturerbe Wachau und ist Teil des Naturparks Jauerling-Wachau. Der Spitzer Graben verbindet die Naturparkgemeinden Spitz an der Donau und Mühldorf und ist sechs Kilometer lang. An seinen Seiten steigen die Weinterrassen mit ihren gewaltigen Steinmauern bis zu 450 Höhenmeter an - die höchstgelegenen Weinriede Niederösterreichs.

Der Verein Marivino hat einen wunderschönen Panoramaweg eingerichtet. Auf dem "Panoramaweg Spitzer Graben" wandern Sie auf einem Höhenweg durch die Weingärten und haben einen wunderschönen Ausblick in den Spitzer Graben. Die Burgen Hinterhaus in Spitz und Oberranna in Mühldorf sind die Torwächter des Spitzer Grabens.

Die Wanderwege im Naturpark Jauerling-Wachau führen über sonnige Weingärten, hundertjährige Steinterrassen und Trockensteinmauern, Marillen- und Obstgärten, natürliche Buchenwälder, schattige Waldlandschaften, schönste Wiesen, vorbei an Burgen, Ruinen und Schlössern und mit Blick auf die freifließende Donau, über die Alpen und ins Waldviertel. Zusätzlich dürfen Sie sich auf die schönsten historischen Dörfer Österreichs freuen - ausgezeichnet als UNESCO-Weltkulturerbe Wachau. Nach dem Wandern erwarten Sie beste Wachauer Weinheurige und Waldviertler Mostheurige und klassische Wirtshäuser und das Naturparkhaus am Jauerling.

Naturpark KAMPTAL-SCHÖNBERG

Weinerlebnis am “krummen” Fluss

Der Naturpark im südöstlichen Waldviertel am Übergang zum Weinviertel wird von der Flusslandschaft entlang des Kamp (vom keltischen Wort „kambos“ - der „Gekrümmte“) geprägt. Weitere markante Landschaftselemente sind die Hänge der Weingärten und die Wälder des Manhartsberges, die hier den Fluss säumen. Den genussvollen Rahmen dazu bieten die Weine der Region, die in der „Alten Schmiede“ verkostet werden können.

Der Europäische Biber (Castor fiber). Biber sind reine Pflanzenfresser (Vegetarier) und nutzen die in ihrem Lebensraum häufigsten Pflanzenarten.

Einrichtungen und Angebote:

- Kultur- und Tourismuszentrum „Alte Schmiede“ mit Sommerfrischemuseum, historischer Schmiedewerkstatt und Vinothek
- Weinlehrpfad
- Flusslehrpfad
- Waldlehrpfad
- Kamptal-Radweg

www.schoenberg.gv.at

Grüner Veltliner, Weißgipfler (Vitis vinifera subsp. vinifera) - Die Weinrebe ist eine Kletterpflanze, die eine Wuchshöhe von 2-10 Metern erreichen kann.

Die idyllischen Flusslandschaften des Kamps stehen im Zentrum dieses Naturparks, der nördlich des Donautales liegt und südlich an das Waldviertel anschließt. Schönberg und der Kamp sind ein unzertrennliches Paar. Der Fluss hat sich in dieser Ecke des Waldviertels tief in das Urgestein eingegraben und einen landschaftlich vielfältigen Naturraum geschaffen. So wird das Gewässer zum bestimmenden Faktor für den Park.

Blick vom Irbling auf den Kamp.

Um die Besonderheiten, die das Wasser des Kamps zu bieten hat, einem breiten Publikum vorzustellen, hat man den Flusslehrpfad geschaffen. Er verläuft parallel zum Kamptal-Radweg und beginnt in Oberplank. Später erreicht der gemütliche, breite und gut begehbare Weg Plank, Altenhof, Stiefern, Schönberg, ehe er bei Schönberg-Neustift endet. Entlang der 10 Kilometer Lehrpfadstrecke stehen zahlreiche Schautafeln und Rastplätze zur Verfügung.
Eine Tafel ist dem Eisvogel gewidmet, der an den Uferhängen seine Bruthöhlen anlegt. Daneben können Schwarzstorch und Uhu beobachtet werden. Eine andere Station beschäftigt sich mit den Fischarten, die im Kamp ihren Lebensraum finden. Übrigens, die bräunlich-trübe Farbe des Wassers stammt nicht von einer Verschmutzung, sondern vom Eisengehalt und von Huminstoffen. Das Glitzern und Schimmern wird hingegen von gelösten Glimmerpartikelchen hervorgerufen. Wer den Flusspfad benützen will, folgt dem Symbol der stilisierten Welle und wird sicheren Fußes allen Erlebnissen der Kamptaler Wasserwelten begegnen.

Der Kamp fließt in manchen Streckenabschnitten in mäanderförmigen Windungen, an anderen Stellen ist er gestaut, so dass durch die Staubecken eine fjordähnliche Landschaft entstanden ist.

Der Fluss entspringt im Mühlviertel in einer Seehöhe von 900 Metern, hat eine Länge von 136,25 Kilometern und mündet in die Donau.

Schon bald nach dem Flusslehrpfad eröffnete man den Weinlehrpfad, der am südlichen Ortsrand von Schönberg beginnt und durch die Weingärten bis in den Weinort Mollands führt. Der Rückweg verläuft durch die Kellergasse zurück nach Schönberg. Der fünf Kilometer lange Rundweg überwindet 125 Höhenmeter und kann in gut zwei Stunden absolviert werden. Die Region rund um Schönberg gilt als bevorzugte Weißweingegend und verfügt über eine Anbaufläche von ca. 420 Hektar.
Namen wie Grüner Veltliner, Müller-Thurgau oder Riesling wurden zu international bekannten Begriffen.
Die Landschaft hat ein wenig Ähnlichkeit mit der Wachau.

Naturpark LEISER BERGE

Auf den Spuren alter Kulturen

Der Naturpark Leiser Berge liegt im Herzen des Weinviertels. Von der Aussichtswarte am Oberleiser Berg überblickt man die vielfältige Landschaft mit ihren Äckern, Wäldern und Trockenwiesen, die seit der Jungsteinzeit bewirtschaftet werden. Die Felder schmiegen sich in geometrischen Figuren an die sanften Hügel und wechseln bis zur Ernte ständig ihr Farbenkleid. Auf Grund des teilweise plateauartigen Charakters der Wald- und Heideberge ist das weitläufige Gebiet des Naturparks für bequeme Familienwanderungen besonders gut geeignet.

Der Mäusebussard (Buteo buteo) ist der häufigste Greifvogel Mitteleuropas, mit deutlichem Abstand vor dem Turmfalken.

Einrichtungen und Angebote:

- Aussichtswarte Oberleis
- Wildpark Ernstbrunn
- Buschberg, mit der am niedrigsten gelegenen Alpenvereinshütte
- Museum für Urgeschichte in Asparn/Zaya
- Michelstettener Schule
- Natur- und Landschaftsführungen
- Zeitreiseführungen
- Weinvierteldraisine
- Schatzgräberlager am Buschberg
- Wallfahrtskirche Oberleis
- Wolfsforschungszentrum
- Fossilienschauraum Ernstbrunn
- NostalgieExpress Leiser Berge

www.naturparke.at

Die Gewöhnliche Kuhschelle (Pulsatilla vulgaris), oder Küchenschelle wächst auf Kalk-Trockenrasen und kommt im Naturpark am Schulberg vor.

Der Begriff „Berge“ scheint für das nordöstliche Niederösterreich auf den ersten Blick unangebracht. Doch die Leiser Berge durchbrechen mit einigen Kuppen die Ebene des Weinviertels und beherrschen den etwas mehr als 4.000 Hektar großen Naturpark etwa 40 Kilometer nördlich von Wien. Deutlich erhebt sich der Höhenzug aus dem flachwelligen Hügelland und bildet inselartig aufragende Kalkklippen mit dazwischenliegenden Plateaus, an die das umliegende Kulturland wie ein Ozean anbrandet. Zum Park gehört auch die höchste Erhebung des Weinviertels, der 492 Meter hohe Buschberg, von dem man die weitläufigen Trockenwiesen als ein zentrales Element des Naturparks überblickt.

Rund um die Leiser Berge schmiegen sich die Felder zu eigenartig geometrisch angeordneten Figuren zusammen und wechseln im Laufe der Jahreszeiten stetig ihr Farbenkleid.

Zahlreiche Besuchereinrichtungen machen es leicht, den Naturpark zu erkunden. An oberster Stelle sind die zahlreichen Wanderwege zu nennen, die teilweise als Naturlehrpfade ausgebaut, über unterschiedliche Themen informieren. Der "Historische Pfad" von Ernstbrunn nach Asparn an der Zaya beispielsweise hat die alten Bewirtschaftungsformen zum Inhalt. Auf dem "Feldweg durch die Kulturlandschaft" begegnen die Wanderer auf Schritt und Tritt den Spuren der menschlichen Kultur in Verbindung mit einer überaus interessanten und bemerkenswerten Natur.

Naturpark MANNERSDORF-WÜSTE

Ehrwürdige Gemäuer unter grünem Blätterdach

Eichen-Hainbuchenwälder am Westhang des Leithagebirges im südöstlichen Niederösterreich beherbergen diesen Naturpark. Kernstück ist das ehemalige ummauerte Klosterareal „St. Anna in der Wüste", dessen kulturhistorisch interessanten Reste mit der umgebenden Flora ein wunderbares Ensemble bilden.

Die intensive Blaufärbung der Männchen des Moorfrosches (Rana arvalis) zur Laichzeit ist nicht überall und auch nur an wenigen Tagen zu beobachten.

Einrichtungen und Angebote:

- Klosteranlage mit Klosterkirche in Restauration
- Teiche und Obstbaumwiesen
- Ruine Scharfeneck
- Mountainbikerouten
- Museum in Mannersdorf am Leithagebirge

www.naturparke.at

Die Herbstzeitlose (Colchicum autumnale) kommt im Naturpark in den alten Streuobstwiesen und an Waldrändern vor.

Die Lage des Naturparks an der Grenze zur Pannonischen Tiefebene bedingt eine hochinteressante Fauna und Flora, mit für Mitteleuropa seltenen Erscheinungsformen. Die Vegetation der zum Leithagebirge gehörenden, hügeligen Landschaft wird vor allem von Eichen-Hainbuchen-Wäldern geprägt, in deren Unterwuchs Grasarten wie Hainsimse und Drahtschmiele, ferner Ginsterarten zu finden sind. Im größten Teil des Gebietes herrschen Braunerden vor, die zu einem artenreichen Unterwuchs führen.

Die Wanderer finden im Leithagebirge mehrere markierte Wege vor, die ins nahegelegene Burgenland führen. Dabei stößt man immer wieder auf die herrlichen Pflanzen der seltenen und artenreichen Vegetation. In etwa drei Stunden gelangt man über Hochleiten-Schweinegraben-Heuweg nach Breitenbrunn. Wer nach Purbach will, erreicht über Scheuerberg-Kaltes Bründl-Holler sein Ziel in etwa zweieinhalb Stunden. Nach Donnerskirchen gelangt man über zwei Wege. Einer davon führt durch die "Wüste" über die Kaisereiche und Sieben Linden zur Rundwanderweghütte nach Donnerskirchen und schließlich zum Scheiterberg.

Im zeitigen Frühjahr ist der Waldboden von den weißen Blüten des Bärlauchs übersät, die später von Maiglöckchen und Waldmeister abgelöst werden.

Naturpark NORDWALD Großpertholz

Ein Hauch von Skandinavien

Ein ausgedehntes Waldgebiet am Westrand des Waldviertler Hochlandes zwischen Bad Großpertholz und Karlstift ist die Heimat dieses Naturparks mit nordisch-skandinavischem Charakter. Die dichten Nadelwälder werden von inselartigen Acker- und Wiesenfluren, Teichen und Hochmooren aufgelockert.

Während der Balz ist der Auerhahn (Tetrao urogallus) sehr aggressiv. Manche Tiere greifen sogar Menschen an, die ihr Revier betreten.

Einrichtungen und Angebote:

- Informations-Blockhaus
- Abenteuerspielplatz
- Tiergehege, Grillanlage
- Aussichtsturm Schwarzenberg bei Bad Großpertholz
- Moor-Heilbad in Bad Großpertholz
- Frei zugänglicher Waldbadeteich „Stierhübelteich“ in Karlstift
- Schauraum zum Leben der Holzarbeiter und zur Holztrift
- Rekonstruierter Triftkanal bei Karlstift

www.bad-grosspertholz.gv.at

Die Heidelbeere (Vaccinium myrtillus), Blaubeere, Schwarzbeere findet man im Naturpark neben den Wegen am Waldboden.

Der Stierhübelteich - Die Gegend des nördlichen Waldviertels am Übergang zum Mühlviertel bildet die Heimat dieses Naturparks. Es handelt sich dabei um eine der waldreichsten Landschaften des Waldviertels, in dem dichte Fichtenwälder dominieren. Der etwas mehr als 500 Hektar große Naturpark besteht aus zwei Teilen, einem größeren bei Scheiben und einer kleinen Außenstelle rund um den Stierhübelteich südöstlich von Karlstift.

Der Waldanteil beträgt in dieser Region gegenüber den anderen Landschaftstypen mehr als 70 Prozent, während im übrigen Waldviertel knapp 40 Prozent von Wald eingenommen werden.

Dem rauen Klima und der Höhenlage entsprechend ist hier die Fichte, mit einer Bestandesdichte von über 80 Prozent, vorherrschend. Daneben treten andere Baumarten wie Weißkiefer, Lärche, Bergahorn und Birke stark zurück. Auffallend bzw. bemerkenswert ist sicherlich das Fehlen der Buche und Tanne, die naturgemäß hier vorkommen würden.

Doch diese Baumarten fielen schon früher wirtschaftlichen Interessen zum Opfer. Man rodete viele Wälder zwischen dem 15. und 19. Jahrhundert, um Brennmaterial für die Glashütten der Region und im nahen Tschechien zu erhalten.

Die Aufforstung erfolgte dann aber nur mehr mit Fichten und Föhren, die forstlich besser nutzbar waren.

Der künstlich geschaffene Stierhübelteich stellt übrigens ein Relikt dieser historischen Holznutzung dar. Denn er erinnert an die großen Holztriften, die im 19. Jahrhundert gebaut wurden und einen enormen Raubbau am Wald anrichteten.

Das gesamte Parkgebiet besteht aus Moldanubischen Graniten. Dies sind so genannte Tiefengesteine, die durch die Erstarrung von Magma entstanden sind. Dazu gehören neben den Graniten auch Gneise.

Die eher kargen Wälder mit dem mageren Unterwuchs liefern kaum botanische Raritäten. Diese sind jedoch vermehrt in den Hochmooren zu finden, von denen im Raum Karlstift noch ziemlich viele erhalten sind. Torfmoose, Flechten wie Isländisch Moos oder Rentierflechte, ferner Scheidiges Wollgras und Rundblättriger Sonnentau beherrschen den Bewuchs. Eine ausgesprochene Rarität ist die in Österreich stark gefährdete Zwergbirke. Sie gilt als Eiszeitrelikt und hat sich nach den Eiszeiten, wie in Skandinavien, hier im Moor noch erhalten. Auch der Sumpfporst sowie der Siebenstern kommen als nordische Arten hier im Naturpark vor.

Naturpark ÖTSCHER-TORMÄUER

Wilde Schluchten im Land der Bären

Das Zentrum des als Wanderparadies geltenden, größten Naturparks Niederösterreichs (ca. 16.000 Hektar) bildet ein Gebirgsmassiv mit dem Ötscher (1.893 Meter) als höchstem Gipfel im Südwesten des Mostviertels. Besonders markante Schluchten und Wasserfälle durchfurchen das Kalkgebirge, dessen Hänge von ausgedehnten Wäldern und weiten Almen mit prächtiger Alpenflora überzogen werden.

Die vorwiegend nachtaktiven Feuersalamander (Salamandra salamandra) findet man tagsüber lediglich nach oder während starker Regenfälle.

Einrichtungen und Angebote:

- Steige und Stege in den Schluchten und an den Wasserfällen
- Besucherzentrum „Lassingfallstub'n“ und Klettergarten in Wienerbruck
- tut gut-Wanderwege, Aussichtsturm, Alpengarten und Sternwarte am Hochbärneck
- Tropfsteinhöhle und Kartause in Gaming
- Erlebnisdorf am Sulzbichl
- Holzknechtmuseum in Trübenbach
- Rollern auf der Gemeindealpe in Mitterbach
- Erlebnis Ötschergipfel mit dem Sessellift von Lackenhof
- Verschiedenste Lehrpfade

www.naturpark-oetscher.at

Der Hirschzungenfarn (Asplenium scolopendrium), bevorzugt sickerfeuchte Steilhänge in Schluchtwäldern mit Eschen, Ahorn und Linden.

Der imposante Mirafall ist von der Jausenstation „Ötscherhias“ in ca. 20 Minuten zu erreichen.

Besonders eindrucksvoll sieht man die Prozesse der Gebirgsbildung entlang der Panoramastraße zwischen Puchenstuben und Trübenbach.
Der Gesteinslehrpfad lädt ein, die Kräfte der Natur mit allen Sinnen zu erleben.
Er führt vorbei an Gipsablagerungen, die man mit einem Fingernagel leicht einritzen kann.
Das Meer hat sie vor 245 Millionen Jahren hier angeschwemmt. So genannte Wurstelkalkbänkchen - entstanden durch schlammwühlende Meerestiere - oder Faltungen im Gutensteiner Kalk sind nur einige der geologischen Phänomene, die einen guten Einblick in die Schichtfolgen des Erdmittelalters gewähren. Bemerkenswert ist der „Permafrostboden", der durch eine lokalklimatische Sonderstellung des Standortes bewirkt wird.

In den Ötschergräben führen schmale Holzstege und kühn angelegte Steige durch die naturbelassene Schluchtenwildnis. Die rauschenden Bäche stürzen, von Gischt eingehüllt, über die Kanten und verleihen dem schmalen Tal eine romantische Stimmung. Zu beiden Seiten steigen steile Wände empor. Geologen erkennen in der Struktur der schroffen Kalkfelsen den Aufbau des erdgeschichtlich jungen Gebirges.

Naturpark PURKERSDORF-SANDSTEIN-WIENERWALD

Das grüne Vorzimmer Wiens

Der Naturpark umschließt ein Waldgebiet am westlichen Stadtrand von Wien mit der Rudolfshöhe (475 Meter) als höchste Erhebung. Die Buchenwälder bilden hallenartige, schattige Bestände, sodass hier vor allem auch im Sommer ein angenehm kühles Klima entsteht. Der geeignete Ort für eine rasche und erholsame Abwechslung nahe der Großstadt.

Der Rothirsch (Cervus elaphus) zeichnet sich durch ein besonders großes und weitverzweigtes Geweih aus. Es wird nur von männlichen Tieren entwickelt.

Einrichtungen und Angebote:

- Aussichtswarte auf der Rudolfshöhe
- Josef Schöffel-Gedenkstein
- Naturparkzentrum Wienerwaldhaus mit Selfservicemuseum zu den Wienerwaldbauern vor 100 Jahren
- Naturparkzentrum AKTIV 1x pro Monat, April bis Oktober
- Reh-, Rotwild- und Wildschweingehege
- Streichelzoo (Kellerwiese)
- Naturlehrpfad mit Kinder-Erlebnisstationen zur Flora & Fauna des Waldes, sowie zum Wasser am Wienfluss
- Stationen in Punkt- und Schwarzschrift für Personen mit Sehbeeinträchtigungen (Voranmeldung)
- Themenwege/-bereiche: Wald, Schwarzwild & Holz(labor)
- Naturpark Schule, Waldpädagogik & organisierte Kindergeburtstage: ganzjährig buchbar (Voranmeldung)
- Nah Touren: saisonales Veranstaltungsprogramm

www.naturpark-purkersdorf.at

Die Rotbuche (Fagus sylvatica) ist der häufigste Baum im Wienerwald. Sie ist auf der gesamten Fläche des Naturparks zu finden.

Spannung pur in den Buchenwäldern der Wienerwaldlandschaft. Naturnahe Rast- und Kinderspielplätze, ein Tiergehege und Abenteuerstationen machen das Naturerleben vor den Toren Wiens zum unvergesslichen Erlebnis.

Direkt neben dem Wienfluss gibt es zwei Wasserstationen zum Thema „Die Wien - Ein besonderer Fluss“ und „Kleinlebewesen im Wienfluss“, die dazu einladen, den Fluss, seine Besonderheiten und seine Lebewesen besser zu erforschen.

Bei den Wildschweinen gibt es viele Informationen entlang des Rundweges direkt beim Gehege der Tiere. Die neugierigen Wildschweine begleiten die Besucher oft entlang des Weges, wo sie gut beobachtet werden können.

Die Abenteuerstationen entlang des Hirschgatters warten darauf von eifrigen Forschern entdeckt zu werden. Unter dem Motto „Auf ins Abenteuer Wald“ kann man mehr über das Leben der Waldtiere im Boden oder auf den Bäumen lernen. Zudem steht eine Eigentumswohnung des Spechtes zur Besichtigung „offen“.

Naturpark SEEBENSTEIN

Die stillen Perlen des Pittentales

Im südöstlichen Niederösterreich, am Rande der Buckligen Welt, wo die Burg Seebenstein über dem Ort thront, liegt der Naturpark Seebenstein. Er ist durch eine reichhaltige, mosaikartige Landschaftsausstattung mit Auwaldresten an der Pitten, kleinräumigen Eichen-Hainbuchenwäldern und Schwarzföhrenbeständen gekennzeichnet. Der Naturpark Seebenstein umfasst ein ausgedehntes Waldgebiet oberhalb des gleichnamigen Ortes mit einer flachen Parklandschaft im Ortsbereich.

Der Turmfalke (Falco tinnunculus) ist nach dem Mäusebussard der häufigste Greifvogel in Mitteleuropa.

Einrichtungen und Angebote:

- Burg Seebenstein
- Heimatmuseum und Waldlehrpfad in Seebenstein
- Erzherzog Johann-Museum im alten Mesnerhaus in Thernberg
- Kunstleit'n in Innerschildgraben

www.seebenstein.gv.at

Die Blüte der Fliegen-Ragwurz (Ophrys insectifera) ahmt die Form und das Aussehen einer weiblichen Fliege nach.

Der Naturpark Seebenstein liegt auf einer Seehöhe von ca. 350 Metern und wird hauptsächlich von der Burg Seebenstein geprägt. Stolz und mächtig thront die Burg, die 1092 zum ersten Mal urkundlich erwähnt wurde, über dem Ort und wirkt als Beherrscherin des Pittentales. Heute birgt die Burg eine reichhaltige Kunstsammlung und ist so zu einem Schatzkästchen erlesener Kunst und verflossener Ritterromantik geworden. Von der Lutherkanzel beim Schloss hat man einen weiten Überblick über das Pittental und die Berge Rax, Schneeberg und Hohe Wand.

Die Naturpark Platane - Der Naturparkverein Seebenstein hat einen Waldlehrpfad errichtet, um entlang des Hampelweges auf etwa zwei Kilometer Länge die Lebensgemeinschaft Wald aus allen Blickwinkeln zu umreißen. Der Lehrweg beginnt beim Meierhof in der Nähe des Eingangs bei Seebenstein und führt in reizvoller Lage mit weitem Ausblick durch Laub- und Mischwaldbestände. Ruhebänke und Unterstandshütten ergänzen die Ausstattung des Lehrweges. Rund um den Startpunkt des Themenweges befinden sich auch die meisten Besuchereinrichtungen wie Kinderspielplatz, Parkbad und ein kleiner Zierteich.

Naturpark SIERNINGTAL-FLATZER WAND

Ruhe finden, ausspannen, genießen

Vom Tal des Sierningbaches bis zum fast 900 Meter hohen Gösing steigt die waldreiche, extensiv genutzte Landschaft am Rand des Schneebergmassivs an, die diesen Naturpark beherbergt. Die offenen Flächen sind reich an seltenen Pflanzenarten, Hecken und Obstkulturen. Zahlreiche Wanderwege geben den Besuchern die Möglichkeit, die Schönheiten des Gebietes näher kennen zu lernen.

Die Elster (Pica pica) ist eine Vogelart aus der Familie der Rabenvögel. Ihr Gehirn zählt zu den höchstentwickelten unter den Singvögeln.

Einrichtungen und Angebote:

- Kinderspielplätze
- Kleintiergehege
- Aussichtswarte am Gfieder
- Klettersteig
- Schutzhütte auf der Flatzer Wand

www.naturparke.at

Der Eingriffelige Weißdorn (Crataegus monogyna) wächst in Laub- und Mischwäldern, an Waldrändern, Feldgehölzen und bevorzugt kalkreiche Böden.

Blick auf die unter Kletterern sehr beliebte Flatzer Wand.

Das Schloss Stixenstein, auf einem Felsvorsprung ca. sieben Kilometer nordwestlich von Ternitz, am südlichen Ende der Enge des Sierningtales gelegen, ist heute wie der Torbogen im Besitz der Stadt Wien.

Das Sierningtal, eine besondere Perle am Ostalpenrand, mit der wildromantischen Schönheit eines Gebirgsbaches, mit der Stille der Reliktföhrenwälder, mit der Anmut einer lieblichen Voralpenlandschaft. Ruhe finden im Schatten der schirmförmigen Schwarzföhren.

Naturpark SPARBACH

Ein Erlebnis für die gesamte Familie

Der älteste Naturpark Österreichs liegt bei Mödling im südlichen Bereich des Wienerwaldes. Das ummauerte, parkartig gestaltete Areal verführt mit Baumriesen, romantischen Ruinen und großzügigen Wiesen und lädt dazu ein, die in der Biedermeierzeit gestaltete Wienerwaldlandschaft zu durchwandern. Die Verbindung „alter“ Elemente mit neuen gestalterischen Aspekten sowie die frei laufenden Wildschweine bieten den Gästen einen unvergesslichen Tag.

Der Europäische Damhirsch (Dama dama) ist ein mittelgroßer Hirsch. Charakteristisch ist das Schaufelgeweih der männlichen Tiere und das gefleckte Sommerfell.

Einrichtungen und Angebote:

- Besucherzentrum mit Kiosk und Shop
- Interaktives Naturparkhaus
- Abenteuerspielplatz mit Baumhaus, neuer Wasser- und Sandspielbereich
- Kleintierzoo und "Galerie der Wildtiere"
- Schlechtwetterunterstand (thematisiert die vier Säulen der Österreichischen Naturparke) beim Grillplatz/Abenteuerspielplatz
- Neue Stallgebäude beim Kleintierzoo & bei der Galerie der Wildtiere
- Romantische Ruinen und Baumliegen
- Renaturierter Lenauteich mit Mühle und Rastplatz
- Erlebniswanderungen/Waldpädagogik*
- Organisierte Kinder-Geburtstagsfeste*
- Grillplatz im Naturpark*
- Nah Touren: jährlich saisonales Veranstaltungsprogramm

*gegen Voranmeldung

www.naturpark-sparbach.at

Die älteste Schwarzföhre (Pinus nigra austriaca), Schwarzkiefer des Naturparks befindet sich auf der Dianawiese (Fürstenföhre).

„In der Ruine Johannstein, die ihren Ursprung im 11. Jahrhundert hat, vollendete Ferdinand Raimund sein Werk >Der Alpenkönig und Menschenfeind<“.

Die wohl charakteristischsten Tiere des Naturparks Sparbach sind die Wildschweine, die frei laufend aus nächster Nähe auch tagsüber beobachtet werden können.
Die "Schwarzkittel", durchwühlen den Waldboden auf der Suche nach Nahrung.

Aus Kleinasien stammen die Damhirsche, die als typisches Parkwild in der Vergangenheit in Gehegen angesiedelt wurden.

Auch der Mufflon stammt nicht aus unseren Breiten. Er wurde aus Korsika und Sardinien eingeführt und bevorzugt die felsigen Partien innerhalb des Waldgebietes.
Übrigens wird das gedrehte Gehörn des Widders als "Schnecke" bezeichnet. Der grauweiße Sattelfleck am Rücken der Widder wird auch "Schabracke" genannt.

Die Fürstenföhre auf der Dianawiese lädt zum Verweilen in ihrem Schatten ein, um wieder Kraft zu tanken für einen Besuch beim nahe gelegenen Dianatempel oder bei der Dianaquelle, ehe man dem höchst gelegenen Punkt im Naturpark mit der Köhlerhausruine zustrebt um von dort die grandiose Aussicht auf den Wienerwald zu genießen.

Naturpark TÜRKENSTURZ

Wälder und Felsen

Namensgebend für den etwas gebirgigeren Naturpark Türkensturz ist ein nach einer Begebenheit während der Türkenkriege benannter, steiler Felsabsturz. Den selben Namen trägt eine romantische Ruine bei Scheiblingkirchen. Die Wälder und Felsen sind reich an floristischen und faunistischen Besonderheiten, das Landschaftsmosaik wird zusätzlich durch Felssteppen mit entsprechender Vegetation, wie z.B. dem Diptam, bereichert. Bereits Erzherzog Johann, als besonders naturverbunden bekannt, schätzte dieses Gebiet und seine Bewohner sehr.

Bei Bedrohung kann die Zauneidechse (Lacerta agilis) einen Teil des Schwanzes abwerfen. Auf dem Bild ist ein Männchen während der Paarungszeit zu sehen.

Einrichtungen und Angebote:

- Ruine Türkensturz
- Romanische Rundkirche in Scheiblingkirchen
- Klettersteig
- Aussichtspunkte und Schutzhütten
- Erzherzog Johann-Museum im alten Mesnerhaus in Thernberg (Anmeldung: Dir. Martin Lechner 02629/3412)
- Kunstleit'n in Innerschildgraben

www.naturparke.at

Der Diptam (Dictamnus albus), auch Brennender Busch genannt, ist im Naturpark entlang des Weges zum Türkensturz zu finden.

Ruine Türkensturz.

Als die Türken einst in Niederösterreich einfielen, drangen vereinzelte Gruppen auf ihren Raubzügen sengend und brandschatzend ins Pittental vor.
Doch die Bauern schlossen sich zusammen und verjagten die Eindringlinge mit dem Mute der Verzweiflung.

Der Name „Türkensturz“ rührt von einer Begebenheit im Zuge dieser Auseinandersetzungen her, bei der eine versprengte Gruppe von türkischen Soldaten über einen steilen Felsabbruch in die Tiefe stürzte, als sie sich auf versteckten Pfaden in Sicherheit bringen wollten.
Später benannte man den steilen Felsabbruch in Erinnerung an den Vorfall als „Türkensturz“.

Die kahlen Kalkwände bieten den Kletterern beliebte Routen, wobei der durch Drahtseile gesicherte Pittentaler Steig zu den meistbegangenen zählt.

Den Naturpark Türkensturz erreicht man am besten von Gleißenfeld, Scheiblingkirchen oder Thernberg aus.

Naturpark ALMENLAND

Ausgedehnte Ursprünglichkeit

Das Almenland rund um Teichalm und Sommeralm ist der jüngste Naturpark der Steiermark. Als größtes zusammenhängendes Almweidegebiet ohne Berührungspunkte mit einem Hochgebirge ist es einzigartig in Europa. Die Region liegt auf einer Seehöhe von 550-1.720 Metern und ist neben dem weitläufigen subalpinen Almland durch grünlandgeprägte Kulturlandschaften mit Felswänden und Schluchten sowie durch ausgedehnte Waldlandschaften gekennzeichnet.

Im Winter ernährt sich der Schneefink (Montifringilla nivalis) ausschließlich von Samen und ist in dieser Zeit im Almenland häufig in Schwärmen anzutreffen.

Einrichtungen und Angebote:

- Lehrpfade
- Vielfältiges Angebot an Naturführungen und Erlebnisprogrammen
- Zahlreiche einfache und anspruchsvolle Wanderrouten
- Viele Sport- und Freizeitangebote
- Volkskultur im Jahreslauf erleben
- Genussvolle Angebote bei Almenland-Wirten und Direktvermarktern

www.almenland.at

Die Vogelbeere oder Eberesche (Sorbus aucuparia, Syn. Pyrus aucuparia) kommt als typische Baumart der Region im Naturpark praktisch überall vor.

Blick auf den in 1.200 Meter Seehöhe gelegenen Teichalmsee. Er umfasst eine Fläche von fünf Hektar und ist ein herrliches Ausflugsziel. Im Sommer kann man seine Fitness mit dem Tretboot auf diesem Bergsee erkunden, im Winter kann man Eislaufen, Eisschießen und Eiswandern.

Die Bärenschützklamm, eine der schönsten wasserführenden Felsenklammen Österreichs, wurde wegen ihrer einmaligen Naturschätze im Jahre 1978 zum Naturdenkmal erklärt.

Die Wallfahrtskapelle Mariahilf in Schüsserlbrunn erreicht man von der Teichalm aus nach einer etwa 1 1/2 stündigen Wanderung auf einem Forstweg zum Wirtshaus „Steirischer Jockl".

Blick auf den Felsenkamm der Roten Wand.

Blick vom 1.436 Meter hohen Bründlkogel auf das Sommeralmgebiet.

Vom Gipfelkreuz des 1.720 Meter hohen Hochlantsch hat man einen herrlichen Rundumblick.

Naturpark MÜRZER OBERLAND

Auf den Spuren von Waldemar Wurzel

Im Nordosten der Steiermark an der Grenze zu Niederösterreich liegt das Mürzer Oberland, inmitten der östlichen Hochgebirgsausläufer des Alpenbogens. Geprägt von Wäldern, sanften Almen und wildromantischen Flusstälern bietet der Naturpark neben dem Natur-, auch den Kulturgenuss und begeistert mit seiner alljährlichen Zauberwald-Veranstaltung.

Die Wasseramsel (Cinclus cinclus) beeindruckt durch ihre extrem angepasste Lebensweise. Sie kann als einziger Singvogel schwimmen und tauchen.

Einrichtungen und Angebote:

- Neuberger Münster
- Holzknechtmuseum
- Aquazelle & Heckenlehrpfad
- Größtes funktionstüchtiges Spinnrad der Welt und Spinnrunde
- Naturmuseum & Glasmanufaktur
- Wald der Sinne
- Erlebnisweg Roßlochklamm - kreativster Lehrpfad Österreichs
- Rollstuhlbefahrbare Wanderwege
- Natur- und Landschaftsführungen
- Mürztal Radweg R5
- Fliegenfischen an der Mürz
- Höhle Bleiweißgrube
- Montanrundweg Altenberger Erzberg
- Kinderwelt Appelhof
- Snowpark Niederalpl
- Eisklettern

www.muerzeroberland.at

Das Österreichische Kohlröschen (Nigritella nigra subsp. austriaca) kommt im Naturpark auf der Schneealpe, der Hohen Veitsch und der Rax vor.

Die Falkensteinalm - Die tiefen Schluchten und weiten Almen des Naturparks eignen sich hervorragend für Familienwanderungen. Auf den von Wasserfällen, Naturbadeteichen und Mühlen gesäumten Pfaden gibt es viel zu erkunden. Touren auf die Rax, die Schneealpe oder die Hinteralm sind auch für Kinder gut geeignet. Ein beliebtes Ausflugsziel für kleine Wanderer ist der Appelhof in Mürzsteg. Dort befindet sich der größte Holzspielplatz der Welt. Ein Abenteuer für große und kleine Kinder!

Der Wasserfall „Zum toten Weib“ liegt zwischen Mürzsteg und Frein. Man parkt sein Auto vor dem Tunnel bei Kilometer 29,3 an der rechten Seite. Von hier führt eine kurze asphaltierte Wegstrecke entlang der ehemaligen Straße zum Wasserfall.

Die Roßlochklamm liegt ca. 18 Kilometer nordwestlich von Mürzzuschlag in den Nördlichen Kalkalpen. Ihr Grabensystem mündet in die Mürz. Der Erlebnisweg erstreckt sich über eine Seehöhe von etwa 820 bis 920 Meter.

Über den Karlgraben zu den Sieben Quellen.

Durch den Naturpark Mürzer Oberland im Norden der Steiermark schlängelt sich die Mürz in einem großen „S“. Die letzten Boten der Nördlichen Kalkalpen fallen hier in eine sanfte Hügellandschaft ab. Fast erinnern die Felsen und Täler an eine „zahme“ Version der Tiroler Bergwelt.

Naturpark PÖLLAUER TAL

Genussregion Hirschbirne

Der Naturpark Pöllauer Tal mit seinen 125 km² liegt im Herzen der Oststeiermark. Die sechs Naturparkgemeinden (Pöllau, Pöllauberg, Rabenwald, Schönegg, Saifen-Boden und Sonnhofen) werden von einer Hügelkette umgeben, deren höchster Punkt am Rabenwald (1.280 Meter) und der tiefste im Süden (380 Meter) liegen. Wälder, Wiesen, Äcker und Obstbaumreihen fügen sich abwechslungsreich ineinander und prägen die Landschaft. Der Naturpark Pöllauer Tal bietet auch viele kulturelle Sehenswürdigkeiten und Erholungs- und Wandermöglichkeiten.
Man muss im Pöllauer Tal nicht allzu weit „herumhirschen“ um in den Genuss der legendären Hirschbirne zu kommen. Diese besondere Frucht stammt von einer alten steirischen Birnbaumsorte, deren Name auf das Wort „Herbst“ zurückzuführen ist. Größere Bestände dieser Bäume sind in der Steiermark nur noch im Naturpark Pöllauer Tal erhalten - dank der Voraussicht und dem Bewusstsein der Bauern.

Der farbenprächtige Eisvogel (Alcedo atthis) lebt an mäßig schnell fließenden oder stehenden, klaren Gewässern mit Kleinfischbestand.

Einrichtungen und Angebote:

- Hirschbirnwanderwege
- Interaktiver Waldlehrpfad Masenberg
- NaturKraftPark
- Erlebnisparadies Hinterbrühl
- Vogelthemenrundweg
- Ehemalige Stiftskirche in Pöllau
- Marienwallfahrtskirche am Pöllauberg
- Themengärten am Pöllauberg
- Alpenkräutergarten Käfer
- Kräutergarten Cividino
- Volkskundemuseum Prätis
- Bienenschaupfad
- Lauf- und Fitnessparcours

www.naturpark-poellauertal.at

Die Pöllauer Hirschbirne (Pyrus nivalis) kommt im gesamten Gebiet des Naturparks auf Streuobstwiesen, als Alleen und entlang von Wegen vor.

Eine besonders schöne Hirschbirnenbaumreihe und dahinter die Marienwallfahrtskirche am Pöllauberg.

Die Winzendorfer Teiche sind vor ca. 500 Jahren entstanden und haben damals das nahe liegende Stift Pöllau mit frischem Fisch versorgt. Seit 1936 ist der Fischzuchtbetrieb in Familienbesitz und umfasst zwei größere und einige kleinere Teiche. Die Wasserfläche dieser wunderschönen, naturbelassenen Teichanlage beträgt ca. fünf Hektar. Seit einiger Zeit ist dieses Paradies Ziel vieler Freunde des Angelsports geworden.

Das Pöllauer Tal besticht durch seine unglaubliche landschaftliche Vielfalt. Nicht unberührbare Natur, sondern Natur zum Anfassen, Erleben und Begreifen zeigt der Park seinen kleinen und großen Gästen.

Durch die interaktive Form der Wissensvermittlung erlebt der Betrachter die Zusammenhänge zwischen Natur und Kultur hautnah. Als funktionierender Wirtschafts- und Lebensraum zeigt das Pöllauer Tal, dass Natur und menschlicher Lebensraum nur scheinbar im Widerspruch stehen und auch im Einklang miteinander existieren können.

Blauer Himmel, hell leuchtende Sonnenstrahlen und eine würzig duftende Luft bieten die Rahmenbedingungen für ausgedehnte Wanderungen durch die herrliche Naturparklandschaft. Es stehen mehrere ausgewählte Routen zur Verfügung.
Die Schönauklamm beispielsweise ist durch einen Naturlehrpfad erschlossen, der an den Winzendorfer Teichen vorbei durch zauberhafte Wälder führt.

Der Hirschbirnenwanderweg zieht entlang von jahrhundertealten Hirschbirnenalleen, Streuobstwiesen, historischen Kulturgütern und alten Bauernhöfen.

Naturpark SÖLKTÄLER

Sölker Marmor und Steirerkas

Idyllische Bergdörfer, blühendes Almleben, wilde Gebirgsbäche und der Sölker Marmor sind charakteristisch für den Naturpark Sölktäler. Im Naturparkhaus Schloss Großsölk oder im Jesuitengarten mit über 200 verschiedenen, alten Sorten an Gemüse, Kräutern und Blumen wird Vielfalt erlebbar. Interessante Details zum Sölker Marmor gibt es bei einer Werksführung zu entdecken. Der Winterzauber der verschneiten Bergdörfer kann bei einer Schneeschuhwanderung oder Skitour erlebt werden.

Der Buntspecht (Dendrocopos major) ist die am wenigsten spezialisierte heimische Spechtart und deshalb auch die am häufigsten vorkommende.

Einrichtungen und Angebote:

- Schloss Großsölk - Naturparkhaus mit Naturparklabor
- Jesuitengarten
- Sölker Marmor und Strub-Schlucht
- Schwarzensee
- Sölkpass - der höchste Pass der Steiermark
- Mesnerhaus
- Wasserschaupfad Bräualm Großsölk
- Ennstaler Almdiplom
- Tälerbus (www.taelerbus.at)
- Schneeschuhwanderungen und Loipen
- Skitouren

www.soelktaeler.at

Die stark giftige Rostblättrige Alpenrose (Rhododendron ferrugineum) oder Almrausch, ist im Naturpark am Sölkpass und auf den Almen zu finden.

Im Laufe der Jahrtausende hat sich der Sölkbach im Bereich der Strubschlucht einen Weg durch den Sölker Marmor geschlagen. Entstanden ist eine einzigartige Landschaft mit wunderschönen natürlichen Marmorauswaschungen.

Die in 1.354 Meter Seehöhe gelegene bewirtschaftete urige Putzentalalm im Kleinsölktal.

Häufiger als in anderen Gebieten der Steiermark werden im Naturpark noch Almen bewirtschaftet. Es haben sich noch richtige Almdörfer erhalten, deren Tagesablauf von traditionellen Arbeiten und Bräuchen geprägt wird. Auch die Bauten selbst zeigen mit schindelgedeckten Dächern viel von der jahrhundertealten Almwirtschaft. In riesigen Kupferkesseln bereitet man den „Steirerkas" zu und am Saisonende findet - als Ausdruck von Dankbarkeit für einen glücklichen Almsommer - der traditionelle Almabtrieb mit Schmuck und Glockengeläut statt.

Die am Wasserschaupfad gelegene Bräualm im Großsölktal.

Der Schwarzensee liegt auf 1.150 Meter Seehöhe und ist umgeben von mehreren Karen, wie der Putzentalalm und dem Steinigboden. Man erreicht ihn über das Kleinsölktal, mit dem eigenen Fahrzeug oder mit dem Autobus bis zum Endpunkt Breitlahnhütte. Ab hier beginnt eine der beliebtesten Wanderungen mit geringer Steigung bis zum Schwarzensee (ca. eine Gehstunde). Ein Weg führt entlang des Schwarzensees weiter bis zur bewirtschafteten Putzentalalm. Die urige Almhütte befindet sich ca. zwei Gehstunden von der Breitlahnhütte entfernt.

Der türkisblaue Seekarlsee im Kleinsölktal zeigt sich von seiner schönsten Seite.

Naturpark STEIRISCHE EISENWURZEN

Eine Oase der Erfrischung

Die Vielfalt von Fauna und Flora in diesem alpinen Naturpark lässt sich mit seinem Wasserreichtum sowie der geologischen Entstehungsgeschichte erklären. Gäste finden Naturschätze wie Schluchtwälder, Fluss- und Biotopinseln sowie die von Menschenhand geformte Kulturlandschaft mit Streuobstwiesen und Almen vor. Diese liefern die „Rohstoffe" für köstliche Produkte, wie Most, Schnaps, Apfelsaft, Styria Beef, Gesäuse Wild, Schafkäse, Honig, Kräutertee u.v.m. All dies stellt einen Teil des Projektes „Natur-Wissensübermittlung" des Naturparks dar.

Der selten gewordene Große Eisvogel (Limenitis populi) ist einer der größten Tagfalter in Mitteleuropa und steht unter Naturschutz.

Einrichtungen und Angebote:

- Naturerlebniswanderungen
- Schneeschuhwanderungen
- GeoRafting auf der Salza
- Wasser- und Erlebnispark Eisenwurzen
- GeoDorf Gams bei Hieflau, GeoZentrum, GeoPfad, Nothklamm, Kraushöhle, GeoWerkstatt
- Palfauer Wasserlochklamm
- Kläfferquelle und Wasserleitungsmuseum Wildalpen
- Forstmuseum Silvanum
- Spitzenbachklamm
- Teufelskirche

www.eisenwurzen.com

Die Aurikel (Primula auricula), Petergstamm, Alpenschlüsselblume kommt im Naturpark auf der Admonter Höhe bei St.Gallen und am Palfauer Gamsstein vor.

Die Salza - Das Thema Wasser ist eines der bestimmenden Elemente der Region. Unbändig schäumend, dann wieder träge und klar fließt die Salza - einer der schönsten und reinsten Flüsse Europas - durch die Naturerlebniswelt. Erfahrene Rafter und Kajakfahrer paddeln durch die Schluchten das reißende Wildwasser hinunter und erleben auf diese Weise den längsten und attraktivsten befahrbaren Wildwasserfluss Österreichs. Mit Zugbrücken experimentieren, Triftanlagen bedienen und mit Flößen spielen können junge Forscher im interaktiven Wasser- und Erlebnispark Eisenwurzen in St. Gallen.

Der Naturpark Steirische Eisenwurzen ist eines der geologisch vielseitigsten Gebiete Österreichs. Die faszinierende geologische Geschichte selbst zu erforschen, ist ein Naturerlebnis besonderer Art. Das Programm GeoLine führt den Entdecker zu den Spuren längst vergangener Meere, in Höhlen, zu mächtigen Gebirgsquellen und Zeugen der gewaltigen Kräfte, die zur Entstehung des Gebirges geführt haben. Idealer Ausgangspunkt für jede geologische Entdeckungsreise in der Region ist das GeoZentrum in Gams. Von hier führt der GeoPfad durch die landschaftlich schöne Nothklamm (Bild links und unten) zur Kraushöhle, einer der ältesten Schauhöhlen Österreichs, in der herrliche Gipskristalle und Tropfsteine bewundert werden können.

Die tief in den harten Kalk eingeschnittene Nothklamm gehört zu den eindruckvollsten Gebieten der steirischen Kalkalpen.
In der ca. 900 Meter langen Klamm überwindet der Gamsbach eine Höhe von 80 Metern. Er fließt daher rasch und das Wasser schwemmt Gesteinsblöcke bis Metergröße mit. Sie schleifen die Kalkgesteine im Bachbett weg. Seit 1,5 Millionen Jahren schneidet der Bach auf diese Weise sein Bett ein und es bildeten sich die steilen Ufer der Klamm. Der Vorgang setzt sich heute noch fort.

Die Kraushöhle in Gams ist die einzige Gipskristallhöhle im deutschsprachigen Raum. Benannt wurde sie nach ihrem Entdecker, Regierungsrat Franz Kraus.

Spektakulär ist der Besuch der Wasserlochklamm in Palfau. Mit den aus dem harten Felsen geschliffenen Kolken und fünf prächtigen Wasserfällen, die gemeinsam 152 Meter hoch sind, zählt diese Klamm zu den eindruckvollsten Karsterscheinungen Österreichs. Eine harmonisch in die Natur eingefügte Steiganlage führt über Holztreppen und Brücken bis zum Palfauer Wasserloch. Von unschätzbarem Wert sind die Trinkwasserquellen der Gemeinde Wildalpen. Millionen Liter Wasser sprudeln mit einer Urgewalt aus den Riesenquellen, die halb Wien über die II. Wiener Hochquellenwasserleitung mit frischem Trinkwasser versorgen.

Naturpark SÜDSTEIRISCHES WEINLAND

Kastanienigel trifft Weinschwärmer

Die sanfte Hügellandschaft im steirischen Grenzland ist Heimat dieses Naturparks für alle Sinne. Steile Weinhänge, durchzogen von Streuobstwiesen, Mischwäldern und Hopfenfeldern bilden die einmalige, mediterran beeinflusste Kulturlandschaft. Die Produkte der Region - wie z.B. Qualitätsweine und Kernöl - sowie der Duft des „Woazbrotns“ und „Kästnbrotns“ laden zum Genuss ein.

Der Osterluzeifalter (Zerynthia polyxena) zählt sicherlich zu den schönsten Tagfaltern. Auf dem Bild rechts sind die fast erwachsenen Raupen zu sehen.

Einrichtungen und Angebote:

- Naturparkzentrum Grottenhof und „Regioneum“
- Südsteirische und Sausaler Weinstraße
- Altenbachklamm, Heiligengeistklamm
- Schloss Seggau und Tempelmuseum Frauenberg
- Attemsmoor
- Vinofaktur - Südsteirisches Genussregal
- Kreuzberg-, Kogelberg-, Schloßberg- und Demmerkogelwarte
- Kernöl- und Weinmuseum
- Motorikpark in Gamlitz
- Begleitete Naturerlebnisse für Groß und Klein

www.naturparkweinland.at

Die Gewöhnliche Osterluzei (Aristolochia clematitis) kommt im Naturpark am Rand der Weingärten in Silberberg, Spielfeld, in den Murauen und am Demmerkogel vor.

Mit sanften Hügeln und Tälern, teils bewaldet und durchzogen von Weinkulturen, Äckern und Obstgärten, repräsentiert der Naturpark Südsteirisches Weinland eine Vielfalt charakteristischer Kulturlandschaften. An den steilen Hängen finden sich noch Streuobstwiesen, die - heute leider unwirtschaftlich geworden - durch Pflegeprogamme erhalten bleiben. Begleitet vom Takt des typischen „Klapotetz“ durchwandert man auf Weinstraßen und Wanderwegen das hügelige Gebiet, vorbei an urigen Winzerhäusern, neben denen alte Pappeln in den Himmel ragen.

DER STEIRISCHE ÖL-KÜRBIS

Grundlage für das Kürbiskernöl - „das grüne Gold“ der Steiermark.

Die Steiermark hat viele Gesichter - das rundeste von ihnen ist der Kürbis.

Unzählige gelbrot bis grüngesprenkelte „Plutzer“ leuchten im Herbst von den weitläufigen Feldern. Aus dem Cucurbita-Kürbis schälen die Bauern direkt auf dem Acker die Kerne heraus. Nach dieser Kernspaltung auf Steirisch werden sie zu Kernöl verarbeitet - jene dickflüssige Spezialität, die Unwissende bisweilen als Wagenschmiere für den Salat bezeichnen. Wer kann schon ahnen, dass der betörende Geschmack nach Nüssen und Sonne unwiderruflich süchtig macht - und der Kürbis noch allerhand mehr zu bieten hat ...

Landschaftlich zählt das südsteirische Weinland zu den reizvollsten Weinbauregionen Europas. Die wildromantische Gegend mit ihrem Bergweinbau an vielen steilen Hängen hat ein höchst eigenständiges Profil. Sie gilt als Heimat hervorragender Weißweine und begabter Winzer, die zur Elite, nicht nur Österreichs, gehören. Ein Ausflug hierher lohnt sich immer, doch im Herbst bereichern Traubenmost, Sturm und gebratene Kastanien das Weinerlebnis. Die bekanntesten Weinorte sind Gamlitz, Ehrenhausen, Kitzeck, Spielfeld und Leutschach.

Naturpark ZIRBITZKOGEL-GREBENZEN

Natur Lesen Lernen

Eingebettet in einem Berg-Kranz, der die Region wie einen Edelstein umfasst, liegt der Naturpark Zirbitzkogel-Grebenzen. Mit romantischen Dörfern und idyllischen Teich- und Moorlandschaften bietet die von der letzten Eiszeit geprägte Landschaft einen besonderen Rastplatz der Natur. Natur Lesen Lernen heißt der neue Leitgedanke der Region, der Interessierte schrittweise in die Geheimnisse der Natur einweiht und auffordert, genauer hinzusehen, die Natur wieder zu verstehen und zu nutzen.

Der Gimpel (Pyrrhula pyrrhula), Dompfaff oder Blutfink ernährt sich hauptsächlich von Samen von Wildkräutern und Bäumen sowie von Knospen.

Einrichtungen und Angebote:

- Naturparkzentrum, Naturparkwirte
- Via Natura - Lesen lernen im großen Buch der Natur
- NaturLesePark
- Gesundheitstherme Wildbad
- Benediktinerstift St.Lambrecht
- Schule der Sinne - Museum
- Vogelforschungsstätte
- Wandermärchen & Märchenrätselwald
- Aussichtsberge Zirbitzkogel (2.376 Meter) und Grebenzen (1.870 Meter)
- Erlebnisprogramm, Schulprojekttage und Themenwege
- Golfplatz & Sommerrodelbahn

www.naturpark-grebenzen.at

Die Feuerlilie (Lilium bulbiferum) kommt im Naturpark auf einer Wiese oberhalb von Perchau am Sattel und vereinzelt an Waldrändern vor.

Monduntergang über dem 2.306 Meter hohen Kreiskogel.

FLIEGENDE FÖRSTER

Zwei, die sich mögen und brauchen!

Ein entscheidendes Manko der Zirbe (Pinus cembra) sind ihre schweren, flugunfähigen Samen, die eine weitere Verbreitung scheinbar unmöglich machen. Hier ist Hilfe gefragt - und diese naht buchstäblich „von oben“, aus der Luft, durch den Zirbenhäher.
Streng wissenschaftlich heißt er ja „Tannenhäher“ (Nucifraga caryocatactes), nur hat ihm das bisher noch niemand gesagt. Hier heroben im Zirbenwald, wo keine Tannen mehr wachsen, schmecken eben die Zirbelnüsse besonders gut, und entlockt ihm wahrscheinlich die Wissenschaft ohnehin nur ein heiseres „rätsch,rätsch!" Sei`s drum, die Zirbe verdankt ihm jedenfalls ihre ständige Verbreitung durch seine vergessenen Zapfen/Samenverstecke bei der Anlage der Wintervorratsdepots im Herbst, die dann unter der feucht-warmen Schneedecke - gut vorbereitet - im nächsten Frühjahr als „Stecksaat“ oder „Büschelpflanzung“ auflaufen und ankeimen.
Besonders erfreulich für den Förster ist dabei die Tatsache, dass diese Samenverstecke der vergesslichen Vögel oft oberhalb der Waldgrenze, also in der Kampfzone des Schutzwaldes, angelegt werden, sodass die Vögel nicht nur zur Verbreitung der Zirbe beitragen, sondern darüber hinaus für eine kostenlose Hochlagenaufforstung und damit für Lawinenschutz sorgen.

Die Zirbe selbst revanchiert sich mit reichlicher Zapfenmast, sodass der Tisch für die Vögel jederzeit gut gedeckt ist.
Vorteile also für beide Seiten, die schon Schweizer Wissenschafter eingehend mit der *„Forstlichen Bedeutung des Zirbenhähers für die Aufrechterhaltung des Lärchen-Zirbenwaldes als ein fein abgestimmtes Gleichgewicht zwischen Tier und Baum"* beschreiben (MATTES 1982).

Dieses Gleichgewicht wird wiederum - wie so oft - nur durch den Menschen gestört: Da die Siedlungsdichte des Zirbenhähers von der Ernährungskapazität seines Lebensraumes abhängt, ist der Schutz des Vogels für die Ausbreitung der Zirbe genauso wichtig wie der Schutz seiner Ernährungsgrundlage, eben der Zirbenzapfen, für den Häher selbst.
Stark beerntete Bäume - etwa für den begehrten Zirbenschnaps - gefährden sonst die Lebensgrundlage des *fliegenden Försters.*

Das Dürnberger Moor ist ein glaziales Latschen-Hochmoor von neun Metern Mächtigkeit. Seine Entstehungsgeschichte reicht etwa 12.000 Jahre zurück. Es weist Zwischen- und Flachmooranteile, Bulten, Schlenke, Kolke und einen Randsumpf mit einigen pflanzlichen Eiszeitrelikten auf. Dieses etwa sechzehn Hektar große Moor besteht vorwiegend aus Torfmoosen der Arten „Mittleres Torfmoos“ (Sphagnum magellanicum) und „Rötliches Torfmoos“ (Sphagnum rubellum). An hochmoortypischen Pflanzen findet man das Scheiden-Wollgras, die Rosmarinheide, die Moosbeere und an den trockenen Stellen auch die Besenheide. Latschen bilden am Rande hohe Bestände aus, die Wuchshöhe nimmt zum Zentrum hin ab.

Eine seltene, hier heimische Vogelart ist das Haselhuhn, das im Randbereich brütet.

2006 wurde das Dürnberger Moor zum Europaschutzgebiet erklärt und liegt im ebenfalls 2006 verordneten Vogelschutzgebiet „Furtner Teich-Dürnberger Moor“.

Der Furtner Teich entstand in einer eiszeitlichen Gletscherwanne. Der in manchen Bereichen naturbelassene und zum Teil touristisch genutzte Teich besitzt ausgeprägte Verlandungszonen mit einer entsprechend reichen Strukturierung. Durch die Forschungsarbeiten der Vogelstation „Blasius Hanf" ist die Vogelwelt der Umgebung bestens bekannt. Die Neumarkter Sattelzone stellt eine der wichtigsten Zugrouten im Ostalpenraum dar. Das Gewässer wird sehr gerne von Durchzüglern als Rastplatz eingenommen. Seit etwa 1840 konnten hier 237 Vogelarten, davon 102 Brutvogelarten, nachgewiesen werden. Im Benediktinerstift St. Lambrecht kann die umfangreiche Vogelsammlung besichtigt werden.

Naturpark GESCHRIEBENSTEIN-ÍROTTKŐ

Wo das Burgenland in den Himmel strebt

Den Rahmen dieses grenzüberschreitenden Naturparks bildet ein großes Waldgebiet mit ausgedehnten Eichen-Hainbuchenwäldern um die höchste Erhebung des Burgenlandes - den Geschriebenstein. Auf dessen Südseite findet sich eine interessante Pflanzenwelt wie Trockenrasen, Streuobstwiesen, Weingärten und Obstkulturen.

Der Zaunkönig (Troglodytes troglodytes) ist nach dem Winter- und Sommergoldhähnchen der drittkleinste Vogel Europas.

Einrichtungen und Angebote:

- Renovierte Wassermühle mit Erlebnisbäckerei u. Schauschmiede
- Barrierefreier Baumwipfelweg
- Naturparkverein Markt Neuhodis
- Kohlenmeiler und Kalkofen
- Naturparkverein Unterkohlstätten
- Naturparkinfobüros, Dorfladen
- Ritterburg und Aussichtstürme
- Stiefelmachermuseum
- Bachblütenkraftpark
- Naturparkcamping
- Lehrpfade zu verschiedenen Themen
- Natur- und Landschaftsführungen
- grenzüberschreitende Wanderwege
- Fledermausausstellung

www.naturpark-geschriebenstein.at

Der Bärlauch (Allium ursinum) ist im Naturpark in der Nähe der ungarischen Grenze zu finden.

Als Geschriebenstein wird eine bewaldete Erhebung im östlichen Burgenland bezeichnet, die zum Günser Gebirge - einem der letzten Ausläufer der Zentralalpen im Osten - gehört und mit 884 Meter Seehöhe zugleich den höchsten Punkt dieses Bundeslandes markiert. Der Naturpark selbst liegt inmitten des Landschaftsschutzgebietes Bernstein - Lockenhaus - Rechnitz und hat auf österreichischer Seite ein Ausmaß von ca. 8.400 Hektar. Auf ungarischer Seite schließt das Schutzgebiet um Güns und Velem mit weiteren 27.000 Hektar an. Damit wird dieser Naturpark zum ersten grenzüberschreitenden in Österreich.

„SPAZIEREN IN DEN BAUMWIPFELN" - DER BAUMWIPFELWEG ALTHODIS

Erleben Sie den Wald einmal aus einer ganz besonderen Perspektive:
Machen Sie einen Spaziergang in luftiger Höhe durch die Baumwipfel, spüren Sie den Wind, der durchs Blätterdach streift, und lauschen Sie den verschiedensten Vogelstimmen.

Auf 500 Meter Länge stehen 11 Türme, die bis zu 20 Meter hoch und mit Holzbrücken verbunden sind. Bei zahlreichen barrierefreien Erlebnisstationen soll das Interesse und Verständnis für den Wald, seine Bewohner und den Naturpark geweckt und vertieft werden.

Als letzte echte Ritterburg im Burgenland bietet Burg Lockenhaus interessante Möglichkeiten für Jung und Alt. Man kann die Burg nicht nur besichtigen sondern hier auch urlauben und sich in der Taverne kulinarisch verwöhnen lassen.

Naturpark LANDSEER BERGE

Grenzerlebnisse zwischen Keltenfürsten und Vulkaniern

Der Naturpark Landseer Berge liegt im Übergangsbereich zwischen den Ausläufern der Alpen und der Pannonischen Tiefebene und ist als alte Grenzregion reich an Ausgrabungen und Ruinen. Landschaftlich besonders interessant sind der Kleine Pauliberg, ein Basaltfelsen mit Altholzbeständen sowie der Heidriegel, ein naturnaher Eichen-Kiefern-Wald und das naturbelassene Rabnitztal.

Ohne die umtriebigen Bienen, in diesem Fall die westliche Honigbiene (Apis mellifera), wäre es um die Bestäubung im zeitigen Frühjahr traurig bestellt!

Einrichtungen und Angebote:

- Originalgetreu nachgebaute Keltensiedlung
- Keltenmuseum
- Museum „Natur auf der Spur" im Schloss Lackenbach
- Urgeschichtlicher Lehrpfad
- Vogellehrpfad
- Naturpark-Badesee
- Schloss Kobersdorf
- Burgruine Landsee
- Vielfältiges Angebot an Naturführungen

www.landseer-berge.at

Das Echte Johanniskraut (Hypericum perforatum) kommt im gesamten Naturparkgebiet an Weg- und Waldrändern, Steinbrüchen und Böschungen vor.

Als alte Grenzregion sind die Landseer Berge reich an Ausgrabungen, Ruinen und anderen Zeugen aus einer bewegten Zeit. Die Burgruine Landsee ist eine der größten Mitteleuropas und wird gerne für Open-Air-Veranstaltungen genutzt.

Der Naturpark Landseer Berge - Ein Park zum Hören, Schauen und Staunen mit einer reizvollen Landschaft, einer vielfältigen Tierwelt, bunten Pflanzen und vielen Dingen, die man anschauen, denen man zuhören und die man mit allen Sinnen erleben kann - auf den Spuren der Natur.

Der Park bietet zahlreiche Veranstaltungen an, die sämtliche Facetten der Landseer Berge vorstellen. Dies sind vor allem Wanderungen, die z.B. „Wald und Wiese", „Bach und Tümpel", die Geheimnisse der Burgruine auf den Spuren der Ritter, einen Ausflug in die Vergangenheit zu keltischen Fürsten und Druiden, eine mystische Erlebniswanderung zum Hexenstein in Kaisersdorf oder die Kultur und Geschichte des Naturparks zum Inhalt haben.

Welterbe Naturpark NEUSIEDLER SEE-LEITHAGEBIRGE

Im Garten Pannoniens - zwischen Alpen und Puszta

Die Vielfalt an Landschaftselementen auf engstem Raum begründet die Einzigartigkeit dieses Teils des Naturraums Neusiedler See. Weingärten zwischen dem Höhenrücken aus Kalksandstein und dem breiten Schilfgürtel von Europas größtem Steppensee mit naturnahen Mischwäldern, Trockenrasen und Feuchtwiesen gestalten ein abwechslungsreiches Landschaftsbild. Dazu bietet der Naturpark viele kulturhistorische Sehenswürdigkeiten.

Die Europäische Gottesanbeterin (Mantis religiosa). Gelegentlich kommt es vor, dass das Weibchen während oder nach der Paarung das Männchen auffrisst.

Einrichtungen und Angebote:

- Frühgeschichtliche Siedlungsspuren
- Kellergassen
- Bärenhöhle
- Skulpturenpark
- Schilf- und Weinlehrpfad
- Purbacher Türke (Wahrzeichen seit 1532)
- Keltengräber
- Vielfältiges Angebot an Erlebnisführungen
- Ramsar Zentrum
- Panoramaradweg

www.neusiedlersee-leithagebirge.at

Die Zwergschwertlilie (Iris pumila) findet man im Naturpark auf den Vorhügeln des Leithagebirges z.B. bei Breitenbrunn im Naturschutzgebiet Thenauriegel.

Die Bärenhöhle bei Winden am See, auch Ludlloch genannt, am Westhang des 302 Meter hohen Zeilerberges, ist die einzige Höhle im Burgenland mit Funden eiszeitlicher Höhlenfauna. Es handelt sich um eine Schichtfugenhöhle, die wahrscheinlich im Pannonium als Brandungshöhle des Miozänmeeres (Paratethys) im Kalkgestein entstanden ist. Bei Grabungen in den Jahren 1929 bis 1931 wurden Knochenreste von eiszeitlichen Höhlenbären, Braunbären, Höhlenhyänen und Wölfen gefunden. Im Turmmuseum Breitenbrunn ist das vollständige Skelett eines Höhlenbären ausgestellt.

Das Leithagebirge ist nicht nur ein stimmungsvoller Höhenrücken am Westufer eines Steppensees, sondern auch eine bunt strukturierte, alte Kulturlandschaft. „Burgenland im Kleinen", denn die Höhenschichtung auf engem Raum von fast 500 Meter bis hinunter zum Seebecken auf 115 Meter Seehöhe steigert zusätzlich die Attraktivität. Oben am Leithaberg finden wir große, zusammenhängende Waldflächen, talwärts daran anschließend Trockenrasengebiete und Brachen, dazwischen Dörfer und weingartenbeherrschte Kulturlandschaften, Kellergassen und den breiten Schilfgürtel des Neusiedler Sees.

Der Slogan „Mehr Lebensqualität unter den Kirschbäumen" formuliert die Entwicklungsziele der Region. Zuerst sollen die letzten Hutweiden an den Hängen des Leithagebirges als ökologisch höchst wertvolle Räume erhalten und standortgerecht gepflegt werden. Als Hutweiden bezeichnet man eine typisch pannonische Form der Kulturlandschaft, die als ein vom Menschen mitentwickelter Steppenrasen zur Beweidung genutzt wurde. Nach der Waldrodung diente diese Landschaft im Nordburgenland jahrhundertelang großflächig als Weide für verschiedene Tierarten. Von den notwendigen Pflegemaßnahmen sollen auch die Kirschbaumbestände erfasst werden.

Naturpark RAAB-ŐRSÉG-GORIČKO

Grenzenloser Natur- und Kulturraum

Eingebettet zwischen der Lafnitz im Norden, dem Stadelberg an der slowenischen Grenze im Süden und der prägenden Aulandschaft der Raab liegt der einzige trilaterale Naturpark Europas. Die kleinteilige, sanfthügelige Landschaft ist gekennzeichnet durch schmale, lang gestreckte Felder, Wiesen und Wälder sowie Weinberge und Obstgärten, umrahmt von entlegenen Höfen und Streusiedlungen.

Aufgrund der starken Intensivierung der Landwirtschaft ist der Bestand des Feldhasen (Lepus europaeus) in vielen Regionen Europas rückläufig

Einrichtungen und Angebote:

- Wassermühle
- Römische Begegnungen
- Nachtführungen
- Schloss Tabor, Schlösslberg
- Lehrpfade zu den Themen Getreide, Apfel, Wasser, Wild, Geschichte und historische Staatsgrenzen
- Vielfältiges Angebot an Erlebnisführungen
- Kanufahrt auf der Raab und der Lafnitz
- Obstparadies

www.naturpark-raab.at

Der Kürbis (Cucurbita pepo) wird im Naturpark auf Äckern zur Gewinnung von Fruchtfleisch und Kernen angebaut.

Die naturbelassenen Mäander der Raab aus der Luft. Einer der zahlreichen Themenwege des Naturparks befindet sich im idyllischen Dörfchen Mühlgraben und trägt den verheißungsvollen Namen „Lebensweg". Er widmet sich dem Ursprung allen Lebens, nämlich dem Wasser. Denn Wasser spielt in der Region generell eine große Rolle, da der Fluss Raab die markante Leitlinie für den Naturpark darstellt. Er hat auch die Landschaft der Region geprägt und nährt heute noch die artenreichen Auen, in denen Eisvogel und Fischotter zu finden sind. Der Weg ist 2,5 Kilometer lang und in knapp zwei Stunden zu bewältigen.

Seit der Jungsteinzeit verändert der Mensch seine Umwelt durch Bewirtschaftung. Die Arbeit der Bauern hat über die Jahrtausende eine artenreiche und einzigartige Kulturlandschaft in Europa hervorgebracht, die ebenso schutzwürdig ist, wie die Urlandschaften unberührter Natur.
Im Naturpark treffen drei unterschiedliche Agrarkulturen mit eigenständigen historischen Wurzeln aufeinander. Der Park erstreckt sich über die Grenzen Österreichs hinaus nach Ungarn und Slowenien und wird von den kulturellen Eigenheiten der drei Länder geprägt. Die Kulturlandschaften tragen die Handschrift dreier Nationen und unterscheiden sich in vielen Details. Nicht nur die markanten, ungarischen Hütten, aus Lehm errichtet und mit Stroh gedeckt, die Kastu (Getreidespeicher, Kammer und Werkstatt in einem) oder die einstöckigen, verzierten und bunt gestrichenen slowenischen Häuschen unterscheiden die drei Traditionen. Auch in der Kulinarik gibt es interessante Abwandlungen im Geschmack und bei der Zubereitung ähnlicher Gerichte auf allen drei Seiten der Grenze. Daraus resultieren die vielen regionalen Spezialitäten der Dreiländerregion, deren Genuss man nicht versäumen sollte.

Naturpark ROSALIA-KOGELBERG

Die „süße“ Region Rosalia

Die Naturparkregion umfasst 13 Gemeinden und liegt am Ostrand des Wiener Beckens. Die Landschaft ist durch die Gebirgszüge des Ödenburger- und des Rosalien-Gebirges sowie durch das weitläufige, fruchtbare Wulkatal gekennzeichnet und zeigt ein sehr abwechslungsreiches Bild mit Hecken und Streuobstwiesen, Weingärten und Kastanienhainen. Das Vogelschutzgebiet „Mattersburger Hügelland“ beherbergt das größte nationale Vorkommen der Zwergohreule in Österreich.

Die Zwergohreule (Otus scops) ist nach dem Sperlingskauz die kleinste europäische Eule. Sie kommt jedes Jahr aus den Savannen Afrikas zum Brüten ins Parkgebiet.

Einrichtungen und Angebote:

- Burg Forchtenstein
- Zahlreiche Kulturdenkmäler
- Gut ausgebautes Wegenetz zum Wandern, Radfahren, Skaten, Laufen und Walken
- Erlebnisstätte „Werkstatt Natur”
- Rosarium und Kurkonzerte im Kurpark Bad Sauerbrunn
- Geführte Wanderungen und Radtouren
- Gecoachte Nordic Walking- und Langsam Lauf-Touren
- Natur- und Kulturführungen
- Pauliner- und Einsiedlerkloster in Baumgarten (erbaut 1475)
- Kräuterwanderungen und -workshops
- Streuobstzentrum

www.rosalia-kogelberg.at

Die Edelkastanie (Castanea sativa) ist eine alte Kulturpflanze. Im Naturpark kommt sie rund um den Kogelberg und im Bereich von Forchtenstein vor.

Zum Rosaliengebirge gehört auch das Landschaftsschutzgebiet Marzer Kogel, zu dessen Füßen sich das Naturschutzgebiet Rohrbacher Teichwiesen ausbreitet. Am Kogelberg haben sich typische Trockenrasen entwickelt, die zusammen mit Feuchtwiesen etliche botanische und zoologische Kostbarkeiten beinhalten. Mit seinen eindrucksvollen Naturgütern und Kulturlandschaften bietet das Rosaliengebirge zusammen mit der lieblichen Hügellandschaft abwechslungsreiche Lebens- und Erholungsräume zu jeder Jahreszeit.

Schneeweiß zeigen sich die Kirschbäume während der Blütezeit im Frühjahr.

Die Burg Forchtenstein thront hoch oben auf einem Dolomitfelsen und ist eines der ältesten Kulturdenkmäler der Region Rosalia. Sie wurde bereits im 13. Jahrhundert erbaut. Besonders interessant sind Rüstkammer, Fahnen- und Waffensammlung.

Naturpark IN DER WEINIDYLLE

Wasser und Wein

Die hügelige Landschaft mit kleinen Wiesen und Feldern, Auwäldern und Feuchtwiesen, lichten Hutweiden und alten Eichenhainen ist charakteristisch für den Naturpark in der Weinidylle. Ganz besonders reizvoll sind die kleinstrukturierten Weingärten und romantischen Kellergassen. Weinidylle nennt sich auch das Weinbaugebiet Südburgenland, das kleinste Weinbaugebiet des Burgenlandes.

Die Große oder Blaue Holzbiene (Xylocopa violacea) zählt mit 20 bis 28 Millimetern Körperlänge zu den größten Vertretern der Bienen in Mitteleuropa.

Einrichtungen und Angebote:

- Denkmalgeschütztes Kellerviertel mit strohgedeckten Weinkellern in Heiligenbrunn
- Schaukeller und Vinotheken
- Weinmuseum Moschendorf
- Kellerstöckel-Appartements
- Wasserschloss Eberau
- Wallfahrtskirche Maria Weinberg
- Burg Güssing
- Geschichte(n)haus Bildein
- Clusius Naturlehrpfad
- Natur- & Wassererlebniswelt
- Energy Camp
- Grenzerfahrungsweg

www.naturpark.at

Das wichtigste Vorkommen der Schachblume (Fritillaria meleagris) liegt im Südburgenland in den Schachblumenwiesen von Luising und Hagensdorf.

Vom Weinmuseum (Besichtigungsmöglichkeit verschiedener typischer Kellerformen; Gebietsvinothek) in Moschendorf erstreckt sich die Pinkataler Weinstraße nach Norden und führt durch Weingärten vorbei an zahlreichen pitoresken Kellern, die zum Teil auch schon als Kellerstöckel-Appartements gemietet werden können.

Heiligenbrunn verfügt mit seinem historischen Kellerviertel über ein einzigartiges Kulturjuwel. 150 Kellergebäude, zum Teil aus Holz und Lehm und mit Stroh gedeckt, stellen das größte Ensemble dieser Art in Österreich dar.

Naturpark ATTERSEE-TRAUNSEE

2012 wurde in den Gemeinden Altmünster, Weyregg am Attersee, Steinbach am Attersee, Aurach am Hongar und Schörfling der Naturpark Attersee-Traunsee ins Leben gerufen. Der Naturpark erstreckt sich in der Ferienregion Salzkammergut zwischen dem Attersee und dem Traunsee über eine Fläche von ca. 77 km^2. Die Menschen der Region setzten Aktivitäten, um die Kulturlandschaft zu erhalten und zu entwickeln. Weitere Anliegen sind die Schaffung von Erholungs- und Bildungsangeboten sowie Maßnahmen zur Stärkung regionaler Wirtschaftskreisläufe. Besucherinnen und Besucher können daher bei vielen Angeboten die Natur bewusst erleben und begreifen.

Das Tagpfauenauge (Inachis io; Syn.: Nymphalis io) kommt im Naturpark zum Beispiel am Gmundnerberg noch ziemlich häufig vor.

Einrichtungen und Angebote:

Nachdem der Naturpark erst 2012 gegründet wurde, werden die Highlights und die schönsten Führungen im Lauf der Jahreszeiten in einem zukünftigen Naturparkprogramm dargestellt.

www.naturparke.at

Die Sumpf-Stendelwurz (Epipactis palustris) zählt zu den schönsten Orchideen Österreichs. Die Blütezeit liegt zwischen Juni und August.

Wenn man vom teilweise zu Ungarn gehörenden Neusiedlersee absieht, ist der Attersee der größte der österreichischen Seen und der einzige „Große“, der nie zufriert. Aus den Bergen kommend, erstreckt er sich „in köstlicher Bläue“ mit 20 Kilometern Länge weit in das nördliche Hügelland hinein. Diese Bläue, so sagen die Einheimischen, ist nicht vom Himmel und der Bewölkung abhängig, denn je dunkler es wird, desto kraftvoller wirkt der metallisch blaugrüne Wasserspiegel. Schafberg und Höllengebirge geben dem Segelparadies Österreichs gegen Süden einen prächtigen alpinen Abschluss.

Die Nadasdy-Klause

An dieser Stelle befindet sich seit 1716 die Hauptklause des Aurachbaches. Um diese Zeit wurde die Abholzung der Aurachforste und die Verbringung des Sudholzes nach Ebensee zur Saline begonnen. In dieser Klause wurde das Wasser gesammelt und mit dem Klausschlag ein Schwall ausgelöst, der die in das Bachbett eingeworfenen Hölzer bis zum Rechen in Kufhaus schwemmte.
Von dort wurde das Holz mit einem wassergetriebenen Aufzug auf die Pinsdorfer Ebene hochgezogen. Dann erfolgte sein Transport mit Fuhrwerk zum Traunsee und mit Schiff bzw. in Flößen nach Ebensee.
Nach dem katatrophalen Hochwasser von 1892 wurde die Holztrift aufgelassen und die Klause zu der heute noch bestehenden Sperre umgebaut.

Am Aurachberg.

Vom Gmundnerberg überblickt man sehr schön das gesamte Becken des Traunsees. Schon die alten Römer erkannten die bezaubernde Wirkung des Traunsees und bezeichneten ihn als „lacus felix“, den glücklichen See. Die Keramikstadt Gmunden und die Ferienorte Altmünster, Traunkirchen und Ebensee liegen malerisch an seinen Ufern. Im Naturpark finden Sie Kunst und Kultur, Tradition und Brauchtum, unbegrenzte Sport- und Wandermöglichkeiten, aber auch Raum und Zeit, um ganz einfach die Seele baumeln zu lassen!

Neben den großen Waldflächen im Naturpark haben unterschiedliche geologische und hydrologische Standortsbedingungen und die menschliche Nutzung zu vielfältigen Landschafts- und Lebensraumtypen geführt. Eingestreut in land- und forstwirtschaftlich intensiv genutzte Flächen machen Kleingehölze, Saumgesellschaften entlang von Bächen, Obstbaum- und Lärchenwiesen, Almflächen, sowie extensiv genutztes Grünland und kleine Moorflächen die Region landschaftlich sehr attraktiv. Die mit dieser naturräumlichen Vielfalt gegebenen Entwicklungspotentiale sind Basis für die Erklärung der Region zum Naturpark, mit einer ausgeprägten Eignung für Zwecke der Erholung, der Wissensvermittlung und der Regionalentwicklung.

Naturpark MÜHLVIERTEL

Steine aus Götterhand im Hügelland

Im Nordosten Oberösterreichs liegt der Naturpark Mühlviertel. Seine Fläche erstreckt sich über vier Gemeinden - Allerheiligen, Bad Zell, Rechberg und St.Thomas am Blasenstein. Eine reich gegliederte Kulturlandschaft und der Granit, der in den kuriosesten Formen vorkommt - Wackelsteine, vorchristliche Kultplätze und viele Naturdenkmäler - zeichnen ihn aus. Nicht umsonst wurde der imposanteste Wackelstein - der „Schwammerling" - als Logo gewählt. Dieses Hügelland bietet aber auch noch andere interessante Biotoptypen - von der Magerwiese bis zum Niedermoor.

Der männliche Fasan (Phasianus colchicus) fällt durch sein farbenprächtiges Gefieder und seine stark verlängerten Schwanzfedern auf.

Einrichtungen und Angebote:

- Freilichtmuseum Großdöllnerhof, Marienwallfahrtskirche, Cella Hedwigsbründl, Bucklwehluck´n
- Zahlreiche Wanderwege
- Geführte Erlebniswanderungen
- Integrativer Wandertag im September
- Naturparkspielplatz
- Abwechslungsreiches Jahresprogramm
- Naturpark-Geschenkpakete
- Schneeschuhwandern

www.naturpark-muehlviertel.at

Den Gemeinen Wacholder (Juniperus communis) kann man im Naturpark in der Blockheide auf der Pammer Höhe finden.

Der Schwammerling ist als besonders seltenes Naturdenkmal nicht nur das Wahrzeichen der Gemeinde Rechberg, sondern auch im Logo des Naturparks Mühlviertel verewigt. Durch Wollsackverwitterung entstehen diese ungewöhnlichen Felsformationen, die gerne auch als Wackel- oder Schaukelsteine bezeichnet werden. Durch die vergeblichen Versuche französischer Soldaten, den über 100 Tonnen schweren Stein von seinem angestammten Platz herunter zu stürzen, hat er zwar seine instabile Lage eingebüßt, jedoch nichts von seiner Faszination verloren.

Die Naarn durchfließt den Naturpark Mühlviertel im Bereich der Gemeinden Allerheiligen im Mühlkreis, Bad Zell und Rechberg.
Als Naarn bezeichnet wird der etwa 24 Kilometer lange Teil des Flusses vom Zusammenfluss der Großen und der Kleinen Naarn bei der Steinbruckmühle östlich von Bad Zell auf dem Gemeindegebiet von Pierbach flussabwärts bis zur Mündung in den Hüttinger Altarm der Donau bei Mitterkirchen.

Einige Gewässer im Einzugsgebiet der Naarn wurden bereits in älterer Literatur als perlmuschelführend bezeichnet. Aktuelle Untersuchungen zu Verbreitung und Größe des Flussperlmuschelbestandes in der Naarn gibt es jedoch nicht.
Der jüngste Flussperlmuschelfund wurde im Jahr 2010 im Unterlauf der Naarn dokumentiert. Im Zuge einer Fischbestandsbergung aufgrund von Bauarbeiten im Naarn-Unterlauf wurden 123 lebende Flussperlmuscheln geborgen und in von den Bauarbeiten unbeeinträchtigten Gewässerabschnitten wieder ausgesetzt. Ein Teil dieser Individuen wird derzeit für die Nachzucht im Rahmen des Projekts „Vision Flussperlmuschel" herangezogen.

Eine charakteristische landschaftliche Eigenart dieser hügeligen, kleinräumig besonders stark gegliederten Kultur- und Naturlandschaft sind vor allem die Steinblockwiesen, die aber nur noch als Restbereiche vorhanden sind.

Kulturlandschaftselemente wie Gehölzgruppen, Hecken, Lesesteinmauern und Magerwiesen prägen neben markanten, mit Kiefern, Fichten und Eichen bewachsenen Felsformationen die Landschaft.

Naturpark OBST-HÜGEL-LAND

Obstkultur. Freude pur!

Die sanft hügelige Landschaft im Naturpark Obst-Hügel-Land lädt zum Wandern, Radfahren, Laufen oder Nordic Walken ein. Auf elf Rundwanderwegen lassen sich alle vier Viertel Oberösterreichs überblicken. Im Frühling blüht die Region so richtig auf. Die Blüten der vielen alten Obstbäume bieten ein wunderschönes Naturschauspiel. Bodenständige Mostschänken und Gasthäuser machen auch die Pausen zu einem Genuss. Nach oder während einer Wanderung schmecken das Glas Most und die Jause noch besser. Die Rundwege sind durchwegs für Familien mit Kleinkindern und gemütliche Wanderer geeignet.

Der Grünspecht (Picus viridis) ist aufgrund seiner starken Spezialisierung auf bodenlebende Ameisen anfällig für strenge Winter mit hohen Schneelagen.

Einrichtungen und Angebote:

- Zahlreiche Wanderwege mit herrlichen Aussichtspunkten
- Mostkosten, Weberbartl-Fest und Jungmost-Präsentationen
- Kirschblütenwanderung und Kirschenfest
- Mostschänken und Gasthäuser
- Mostmuseum St. Marienkirchen
- Samareiner Mostspitz
- Obstlehrgarten
- Wallfahrtskirche Maria Scharten
- Geführte Wanderungen und Schulexkursionen
- Naturpark-Geschenkpakete

www.obsthuegelland.at

Der Weberbartlapfel (Malus domestica) ist eine lokaltypische Obstsorte, die vor allem in St.Marienkirchen/Polsenz aber auch in Scharten verbreitet ist.

Zwischen Wels und Eferding liegt ein sanftes, von Obstbäumen bewachsenes Hügelland. Im Frühjahr färben die Blüten der Marillen-, Kirsch-, Birnen- und Apfelbäume die ganze Landschaft weiß-rosa.

Ziel des Naturparks ist die Erhaltung und Weiterentwicklung der vielfältigen Obstbaumwiesen, -alleen und -reihen. Diese ökologisch sensiblen Landschaftselemente dienen schon heute Bewohnern und Gästen als Erholungsgebiet. Zahlreiche Wander- und Radwege führen durch die idyllische Kulturlandschaft. Oben auf den Hügeln eröffnet sich jeweils ein atemberaubender Blick über das Eferdinger Becken und die Donau. Besonders beliebt und eindrucksvoll gestaltet sich der Blick vom Roithnerkogel, der mit einer Seehöhe von 449 Metern über die Landschaft des Obst-Hügel-Landes ragt.

Rund um die Gemeinden Scharten und St.Marienkirchen hat sich der Strukturreichtum alter Streuobstwiesen erhalten. Sie dienen nicht nur der traditionellen Mosterzeugung, sondern stabilisieren auch das rutschgefährdete, hügelige Schliergebiet. Auf den Hangwiesen und entlang der Straßen und Pfade wachsen verschiedene Kirschsorten, Zwetschken und unzählige Birnen- und Apfelsorten. Der hohe Anteil an alten Mostobstbäumen ist die Grundlage für eine vielfältige Tierwelt. Insekten und Vögel lieben den süßen Geruch der Blüten und des reifen Obstes. In der Nacht flattert die Fledermaus auf Beutesuche um die Baumkronen der Obstbäume.

Beim Blick auf den kleinen, von Hügeln umgebenen Ort Scharten fällt sofort die Wallfahrtskirche Maria Scharten ins Auge. Mit dem Bau der heute im typischen Barockstil erscheinenden Kirche wurde bereits Mitte des 16. Jahrhunderts begonnen. Die Steine mussten damals aus weiter Entfernung nach Scharten transportiert werden, weswegen der Bau nach 25 Jahren halbfertig eingestellt wurde. Erst knapp hundert Jahre später wurde die Wallfahrtskirche fertig gestellt. Es folgten noch zahlreiche Umbauten, bis 1770 der heutige Hochaltar fertig gestellt und mit einer barocken Gnadenstatue versehen wurde. Zuletzt ergänzte man die Kirche 1821 mit einer Orgel.

Naturpark KARWENDEL

Himmelstürmende Gipfel zwischen Inn und Isar

Der Alpenpark Karwendel umfasst beinahe das gesamte Karwendelmassiv und ist mit einer Fläche von 727 km² das größte Tiroler Schutzgebiet und der größte Naturpark Österreichs. Aufgrund der klimatischen und topografischen Gegebenheiten verfügt das Karwendel über einen überdurchschnittlich hohen Anteil an natürlichen Lebensräumen wie Urwäldern und Wildflüssen und beherbergt eine hohe Artenvielfalt. Viele typische Tier- und Pflanzenarten der Alpen wie Steinadler, Flussuferläufer oder die Deutsche Tamariske haben hier bedeutende Vorkommen. Das Karwendel besitzt aber auch eine 150jährige alpintouristische Geschichte und wird jährlich von ca. 1 Million Menschen besucht.

Der Steinadler (Aquila chrysaetos). Sein ausgeprägtes Sehvermögen macht ihn zum perfekten Jäger im hochalpinen Gelände.

Einrichtungen und Angebote:

- Naturparkhaus Hinterriß - Ausstellung mit Bodenhaftung, Infobüro und Shop
- Infopoint Scharnitz
- Themenweg & Schaukäserei Engalm
- 101 Almen und zahlreiche Hütten
- Verschiedene Nature-Watch Angebote
- Vielfältiges Schulprogramm

www.karwendel.org

Bergahorn (Acer pseudoplatanus). Am Großen Ahornboden in der Eng stehen mehr als 2.200 Ahornbäume.

Die Walderalm ist eine von 101 Almen im Naturpark Karwendel. Herrlich zwischen Hundskopf und Walderkamm gelegen beherbergt sie zahlreiche Feuchtlebensräume und zwei offene Wasserflächen, die nicht nur ein beliebtes Fotomotiv sind, sondern auch Lebensräume für Libellen und Bergmolche. Im Übergang zum Waldbereich fühlen sich der Auerhahn und zahlreiche Spechtarten zuhause.

Beliebtes Fotomotiv und Ausflugsziel, wichtiger Lebensraum für Höhlenbrüter wie Spechte und Fledermäuse - der Große Ahornboden im hinteren Rißtal gehört in vielerlei Hinsicht zu den Superlativen im Naturpark Karwendel. Gemeinsam mit dem Landesforstdienst, den Österreichischen Bundesforsten und den Landesforstgärten setzt der Alpenpark Karwendel aktive Maßnahmen zum Erhalt dieser Kulturlandschaft. Um den Reiz des Alpenparks Karwendel aber wirklich zu erfassen, muss man sich Zeit nehmen und, wenn möglich, ein paar Tage darin verbringen. Gemütliche Wanderwege, schwierige Klettersteige oder gar zahlreiche schroffe Gipfel bieten ein abwechslungsreiches Angebot und unzählige Wandermöglichkeiten.

Wahrscheinlich ist es dem Rißbach Enger Grund Bach zu verdanken, dass am Großen Ahornboden heute über 2.200 Ahornbäume gegen den Himmel wachsen. Jahrhundertelang überschwemmte der Bach Jahr für Jahr den Almboden. Mit den Wassermassen brachte er auch den sandigen und kargen Untergrund, der einen idealen Nährboden für den Ahorn darstellt, Tannen und Fichten hingegen verdrängt. Die meisten Ahornbäume in der Eng stammen aus dem 17. Jahrhundert. Damals - in der Zeit des Dreißigjährigen Krieges - konnte sich der Ahornbestand erholen, weil das Vieh aufgrund der Kriegswirren und der Angst vor Plünderungen nicht mehr in die Eng getrieben wurde. Der Verbiss blieb aus, die Jungpflanzen konnten wachsen und gedeihen.

Der Alpenbock (Rosalia alpina) braucht alte Wälder. Sie bieten ihm das entsprechende Holz für seine Entwicklung. Der Naturpark Karwendel unterstützt mit einem Netz an Naturwaldreservaten die Genese solcher Wälder und schafft damit Lebensraum für Alpenbock, Weißrückenspecht & Co!

Geologisch ist die Gleirschklamm ein offenes Buch der Erdgeschichte. Die einzelnen Gesteinsschichten aus der Jura- oder Triaszeit erkennt man an der unterschiedlichen Färbung der Wände: bizarre Landschaften mit grau-weißem Muster. Es ist die ständige Arbeit des Wassers, die immer wieder so manchen Muschelrest zu Tage fördert.

Die Steine der Rauwacke in der Gleirschklamm

Die Rauwacke ist ein fast schwammartiges Gestein, das durch die chemische Zersetzung porös und empfindlich wird. Tief in die Löcher spült sich das Wasser, bis der Druck von Eis und Wasser zu groß wird und der Stein zerbirst. Die Temperaturunterschiede von bis zu zwanzig Grad tragen zusätzlich zum Sprengen der Steine bei. Im Vergleich zu anderen Schluchten ist das Bachbett weit: an den Uferbänken können müde Wanderer Hände und Füße in die erfrischend kühle Gleirsch tauchen.

Früher wurde die Klamm für die Holztrift genutzt. Im März und April trieben die Forstarbeiter das geschlagene Holz des Vorjahres mit dem Schmelzwasser die Isar hinab - die einfachste Methode, um den Rohstoff aus dem Karwendel zu befördern.

Der Rißbach ist ein rund 26 Kilometer langer Wildfluss in Tirol und Oberbayern. Er hat seinen Ursprung am Zusammenfluss mehrerer Quellbäche im Enger Grund des Naturparks Karwendel. Wenige Kilometer nördlich von Hinterriß überquert der Wildfluss die Grenze zu Bayern und mündet bei Vorderriß in der Nähe des Sylvensteinstausees in die Isar.

Wiege der Vielfalt

3.000 Meter VERTIKAL, drei Täler und oft drei Jahreszeiten an einem Tag: Die Naturparkregion Kaunergrat wird geprägt durch die Hochgebirgslandschaft der Ötztaler Alpen und reicht von den heißen und artenreichen Steppenhängen des Inntals bis hinauf ins ewige Eis der Wildspitze (3.768 Meter). Der Kaunergrat als Namensgeber des Naturparks ragt stolz zwischen den beiden tief eingeschnittenen Tälern Pitztal und Kaunertal empor.

Einrichtungen und Angebote:

- Naturparkhaus Kaunergrat: Informationszentrum, Erlebnisausstellung „3.000 Meter vertikal", Restaurantbetrieb
- Naturkundliche Themenwege und Führungen: Moor, Trockenrasen, ...
- Kulturhistorische Exkursionen
- Archäologisches Museum mit prähistorischen Funden
- Abwechslungsreiches Sommer- und Winterprogramm
- Geschenkpakete mit regionalen Produkten „Köstliches vom Kaunergrat"
- Barrierefreies Piller Moor

www.kaunergrat.at

Über 1.100 verschiedene Schmetterlingsarten befinden sich in den Steppenhängen des Naturparks, auch der Wolfsmilchschwärmer (Hyles euphorbiae), hier als Raupe.

In den felsdurchsetzten Trockenrasen leben über 500 speziell an Wärme und Trockenheit angepasste Arten. Die Spinnwebhauswurz (Sempervivum arachnoideum) besticht durch ihre besondere Schönheit.

Der Seeles See mit dem dahinterliegenden Kaunergrat - der Naturpark Kaunergrat besticht durch seine ursprüngliche Naturlandschaft, in der sich die höchsten Gipfel und die mächtigsten Gletscher der Ostalpen befinden.

Der herbstliche Reiz des Hochgebirges zeigt sich in seiner ganzen Schönheit am Kaunergrat! Die markanten Dreitausender, im Hintergrund die Eiskastenspitze (3.371 Meter), prägen die unberührte Hochgebirgslandschaft.
Das Gebiet umfasst alle Höhenstufen der Alpen und beherbergt Naturschätze von internationaler Bedeutung. Dazu zählen artenreiche Trockenrasen im Oberen Inntal, weitläufige Moorlandschaften am Piller Sattel und die faszinierende Gletscherwelt am Talschluss von Pitz- und Kaunertal.

Vor Jahrtausenden bahnten sich die Gletscher der letzten Eiszeit ihren Weg durch die Hochtäler des Naturparks. Die Zirbe (Pinus cembra) bildet dort heute die Waldgrenze. Sie kommt in einer Höhenlage bis ca. 2.300 Meter vor und ist eine prägende Baumart des Naturparks.

Vom Gachen Blick aus hat man eine unbeschreiblich klare Sicht auf das 800 Meter tiefer liegende Inntal und den Ort Fließ mit seinen zwei Kirchen, dem archäologischen Museum und dem Natura 2000 Schutzgebiet der Fließer Sonnenhänge. Der Rundblick reicht von den Königen des Kaunergrats über den Glockturmkamm bis hin zur Samnaun- und Verwallgruppe und endet bei den Ausläufern der Lechtaler Alpen.

Naturdenkmal Piller Moor

Mit dem Piller Moor beheimatet der Naturpark Kaunergrat eines der schönsten Hochmoore Mitteleuropas. Die Moore treten hier noch in großer Formenvielfalt auf.
Der barrierefreie Moorlehrpfad verknüpft die natürliche Besonderheit des Lebensraumes Hochmoor mit der kulturhistorischen Bedeutung bzw. Nutzung durch die regionale Bevölkerung.

Der rundblättrige Sonnentau (Drosera rotundifolia) ist eine kleine, unauffällige Hochmoorpflanze mit einer meisterhaften Anpassung an seinen extrem nassen Lebensraum. Er fängt mit seinen klebrigen Drüsenhärchen kleine Insekten um seine Stickstoffversorgung zu verbessern.

Naturpark ÖTZTAL

Wandern mit Gletscherblick

Der Naturpark Ötztal wurde im Jahr 2009 erweitert und erstreckt sich nun als Schutzgebietsverbund über knapp 3.000 Höhenmeter (774-3.768 Meter) und eine Fläche von 510 km² - entsprechend vielfältig präsentiert sich die Landschaft. Von imposanten Gletschern geprägt, besitzt sie typische hochalpine Flora, Fauna und Landschaftselemente. Unter den höchsten Gipfeln der Ostalpen ragen mächtige Gletscherzungen ins Tal. Darunter befinden sich Moränen, Gletscherschliffe und ausgedehnte Gletschervorfelder mit allen Stadien der pflanzlichen und tierischen Wiederbesiedelung. Auch Moore, saftige Bergwiesen und subalpine Lärchen-Zirbenwälder sind hier zu finden. Idyllische Seen laden zum Verweilen ein.

Die Nahrung des Bartgeiers (Gypaetus barbatus) besteht hauptsächlich aus Knochen von gefallenen Tieren und Aas.

Einrichtungen und Angebote:

- Naturparkbüro
- 29 bewirtschaftete Schutzhütten bis über 3.000 Meter
- Hunderte Kilometer teils hochalpine (Themen-)Wanderwege
- Bedeutende archäologische Fundstätten rund um den „Ötzi“
- Vielfältiges Vortrags- und Wanderprogramm

www.naturpark-oetztal.at

Der Gletscher-Hahnenfuß (Ranunculus glacialis) ist eine besonders hochsteigende Pflanzenart und kommt im Naturpark Ötztal im hochalpinen Bereich vor.

Ein Besuch des Piburger Sees ist zu jeder Jahres- und Tageszeit ein besonderes Erlebnis. Das landschaftliche Kleinod oberhalb von Oetz bildete sich ursprünglich durch einen Bergsturz nach der Eiszeit. Der archaisch wilde Bergsturz-Blockwald und der idyllisch eingebettete See mit dem Blick auf die Bergwelt rund um den Acherkogel zeichnen eine Landschaft mit besonderem Wert. In den heißen Sommerstunden lässt es sich hier in der ausgezeichnet geführten Badeanstalt ideal ausspannen. Ein genüsslicher Abendspaziergang rund um den See ist erholsam für Körper und Seele.

Rund um den Rettenbachferner ist der Gletscher-Hahnenfuß (Ranunculus glacialis) noch sehr zahlreich anzutreffen.

Der Alpen-Mannsschild (Androsace alpina) gehört zu den zehn am höchsten steigenden Alpenpflanzen. Diese Art ist ein Endemit der Alpen, insbesondere in den Silikatketten und gedeiht in Höhenlagen zwischen 2.200 und 4.200 Meter. Als Standort bevorzugt die kalkmeidende Pflanze feuchte, lange mit Schnee bedeckte Böden, Schutt und Fels.

Mit der Tiefenbachbahn gelangt man mühelos auf 3.249 Meter Seehöhe. Von dort hat man einen herrlichen Ausblick auf den Mittelbergferner und den zweithöchsten Berg von Österreich, die 3.768 Meter hohe Wildspitze. Rechts im Bild ist noch der im Pitztal gelegene Rifflsee zu erkennen.

Auf dem Weg von Vent über die Stableinalm in Richtung Breslauer Hütte hat man diesen Blick zum Rofenkarferner - Durch die zerstörerischen Ausbrüche der Gletscherseen waren die Gletscher des Ötztals bereits früh im Mittelpunkt des Interesses namhafter Experten. Heute sind insbesondere der Hintereisferner und der Vernagtferner südlich von Vent Ziel zahlreicher glaziologischer Untersuchungen.

Blick von der Hohen Mut auf den Gaisbergferner (links) und den Rotmoosferner (rechts) - Gletscher werden im Ötztal seit jeher „Ferner“ (von „firn -fern -fert“ = verjährter, alter Schnee) genannt. Der Anstieg der Sommertemperaturen in den letzten 150 Jahren um etwa ein Grad Celsius hat viele Alpengletscher um zum Teil mehr als die Hälfte reduziert. Warme Sommer kosten rund fünf bis sieben Meter Eis am Gletscherende! Am Rotmoosferner bei Obergurgl lassen sich die früheren Gletscherstände an Hand der Moränenwälle genau verfolgen.

Naturpark TIROLER LECH

Der letzte Wilde

Das Lechtal im Nordwesten Tirols stellt einen der urtümlichsten und schönsten Landschaftsräume der Alpen dar. Zur Gänze in den Nördlichen Kalkalpen gelegen, umfasst der Naturpark neben dem Talraum auch Teile der angrenzenden Bergmischwälder. Der Lech und seine Seitenzubringer, als die letzte intakte Wildflusslandschaft der Nordalpen, prägen den Naturraum ebenso wie die weitläufigen Auwälder, die ein letztes Refugium für viele Tier- und Pflanzenarten wie den Flussregenpfeifer oder den Frauenschuh bieten.

Am Lech ist der bevorzugte Lebensraum des Flussregenpfeifers (Charadrius dubius) noch sehr gut erhalten. Am Bild ist ein wenige Tage altes Küken zu sehen.

Einrichtungen und Angebote:

- Naturparkbüro in Weißenbach am Lech
- Keltischer Baumkreis in Vils
- Vogel-Lehrpfad in Pflach mit Beobachtungsturm
- Aussichtsplattformen in Vils, Forchach/Stanzach und Häselgehr
- Frauenschuhgebiet in Martinau
- Weitläufiges Wander- und Radwegenetz
- Umfassendes Schul- und Veranstaltungsprogramm

www.naturpark-tiroler-lech.at

Die Deutsche Tamariske (Myricaria germanica) ist im Naturpark entlang des Lechs vor allem bei Forchach und bei Weißenbach zu finden.

Licca - der schnell Fließende - diesen Namen haben die Kelten dem Wildfluss Lech gegeben. Auf Tiroler Seite passt diese Bezeichnung auch heute noch, denn der Fluss prägt das Erscheinungsbild des Tales. Durch die naturnahe Gewässerführung des Lechs bilden sich charakteristische Landschaftstypen und Lebensgemeinschaften eines Wildflusses aus: Umlagerungsstrecken, Kies- und Schotterbänke sowie breite Auwaldbereiche von Weichholzau, Grauerlenau und trockener Kiefernau säumen den Wildfluss.

Unverbaute Flüsse sind eine Seltenheit geworden - Flussverbauungen, Regulierungen und Kraftwerksbauten haben beinahe alle mitteleuropäischen Flüsse in ein künstliches Bett gezwängt und Wildflusslandschaften zerstört. Daher zählen die typischen Lebensräume der Wildflusslandschaft Lech zu den am stärksten bedrohten Landschaftstypen in Mitteleuropa. Sie sind von internationaler Bedeutung und daher die besonderen Schutzgüter im Naturpark Tiroler Lech. Folglich sind auch speziell angepasste flussbewohnende Tiere und Pflanzen sehr selten geworden. Diese spezialisierten und teils stark gefährdeten Tier- und Pflanzengemeinschaften steigern den Wert dieser Landschaft.

Der Lech ist ein kalkalpiner Fluss, dessen Dynamik und Wildheit ihn zu einer Besonderheit machen. Die freie Gestaltungskraft des Wassers verleiht der Landschaft ständig ein neues Aussehen. Sie unterliegt einem stetigen Wandel und wird bei Hochwasser immer wieder verändert - Rinnen werden zugeschüttet, neue Wasserläufe gebildet. Das Wasser bahnt sich einen neuen Weg! Das schnell strömende, hellblau-türkis bis jadegrün schimmernde Wasser verleiht dem Fluss eine besondere Schönheit.

Der Naturpark Tiroler Lech liegt in den Nördlichen Kalkalpen, eingebettet zwischen zwei mächtigen Gebirgsketten - den Lechtaler Alpen im Südosten und den Allgäuer Alpen im Nordwesten. Auf einer Fläche von 41,38 km² umfasst das Schutzgebiet im Wesentlichen den Wildfluss Lech mit seinen angrenzenden Überflutungszonen und Auwäldern, die wichtigsten Seitenzubringer sowie Teile von Bergmischwäldern.

Der Naturpark Tiroler Lech ist somit das größte zusammenhängende Schutzgebiet im Talbereich Tirols, dessen Naturraum hauptsächlich durch den Wildfluss Lech geprägt wird. Er erstreckt sich in einer Höhe von 800 Meter bis auf 1.380 Meter Seehöhe.

Nach dem Wechsel von der Vorarlberger auf die Tiroler Seite fließt der Lech über 62 Kilometer in einer West-Nordost-Ausrichtung durch den Naturpark bis er an der süddeutschen Staatsgrenze bei Vils/Pinswang Österreich verlässt. Der Naturpark verfügt im Verhältnis zu seiner Fläche über sehr lange Außengrenzen.

„Wir leben im Naturpark Tiroler Lech“ - ein wichtiger Leitsatz, der uns ständig begleitet.
Die meisten Schutzgebiete in Tirol sind Gebirgsökosysteme und von bewohnten Flächen weit entfernt. Hingegen der Lech mit seinen Seitenbächen bildet das größte zusammenhängende Schutzgebiet im Talbereich Tirols. Diese weitgehende Tallage stellt eine Besonderheit dar, denn der Wirtschafts- und Dauersiedlungsraum der Bevölkerung am Tiroler Lech grenzt direkt an die naturkundlich bedeutsamen Flächen.

Trotzdem ist der Anteil an landwirtschaftlich genutzten Flächen im Naturpark Tiroler Lech nicht groß. Nur 6,2 Prozent der geschützten Flächen werden bewirtschaftet. Es handelt sich um landwirtschaftliche Intensiv- und Extensivflächen sowie beweidete Augebiete (Waldweide).

Im mittleren und unteren Bereich des Tiroler Lechtals befindet sich ein hoher Anteil an landwirtschaftlich genutzten Flächen. Vor allem in den Gemeinden Weißenbach am Lech, Musau und Vils sind bewirtschaftete Gebiete unter Schutz gestellt.

Hochgebirgs-Naturpark ZILLERTALER ALPEN

Hochgebirge zum Anfassen

Keine öffentlichen Straßen, keine Lifte, keine Hubschrauberflüge, nur reine Natur- und Kulturlandschaft - mit der Unterschutzstellung von 379 km² unberührter Hochgebirgslandschaft im hinteren Zillertal wurde 1991 die Grundlage für den Hochgebirgs-Naturpark Zillertaler Alpen geschaffen. Gletscher, Mineralien, Almen und eine große Artenvielfalt prägen den Naturpark, der sich vom Bergsteigerdorf Ginzling bei 1.000 Meter bis auf 3.509 Meter am Hochfeiler über alle alpinen Höhenstufen erstreckt.

Der Alpensteinbock (Capra ibex) verfügt über ein imposantes, gebogenes Gehörn (bis zu ein Meter Länge), während die Geiß nur kurze, kaum gebogene Hörner hat.

Einrichtungen und Angebote:

- Naturparkhaus im Bergsteigerdorf Ginzling-Infostelle, Erlebnisausstellung Gletscher.Welten, Bibliothek
- Naturpark-Klettersteig Nasenwand
- Naturparkausstellungen "Kultur. Land(schafts).Welten" im Mitterstall im Kulturlandschaftsdorf Brandberg und "Steinbock.Welten" im Zillergrund (jeweils freier Eintritt!)
- Natur(park)er.leben mit unseren Naturparkführer/innen durch den Naturpark (Mai - Oktober)
- Trekkingpauschale „Berliner Höhenweg“
- Themenwege „Gletscherweg Berliner Hütte“, „Flurnamenweg Zillergrund“, „Bergmähderweg Brandberg“ & "Schluchten.Welten" Finkenberg
- 120 Naturpark-Partnerbetriebe
- Kletter- und Bouldergebiete

www.naturpark-zillertal.at

Die Zirbe (Pinus cembra), Zirbelkiefer, Arve, kommt im Naturpark im Zemmgrund bei der Berliner Hütte und im Zamsergrund vor.

Die naturgeformte Hochgebirgslandschaft mit ihren extremen, lebensfeindlichen Bedingungen ergänzt sich mit der in Jahrhunderten vom Menschen genutzten und gestalteten Kulturlandschaft. Ein einmaliges Panorama zeigt der Schwarzsee oberhalb der Berliner Hütte mit Blick auf den Alpenhauptkamm. Daran entlang verläuft ebenso der Berliner Höhenweg, hier die Etappe von der Berliner- zur Greizer Hütte.

Die Bodenalm auf 1.700 Meter Seehöhe im Zillergrund gelegen zählt zu einer der letzten ohne Fahrweg erschlossenen Milchalmen der Alpen. Von Häusling auf die Alm führt lediglich ein schmaler, teilweise in den Fels gehauener Fußweg. Die Almwanderung in Mitten des Hochgebirgs-Naturparks Zillertaler Alpen bietet einen Einblick in die tägliche erschwerte Arbeit der Almbauern. Ihre Arbeit ist unverzichtbar für die Erhaltung der Kulturlandschaft.

Im rauen Gebirge spielt der Mensch seit tausenden von Jahren Zeit eine prägende Rolle. Er drang in die Berge vor, um Almwiesen und Bergmähder als zusätzliche Futterquellen zu erschließen. Daraus entstand eine enge Verzahnung von naturgeformter Gebirgslandschaft und traditioneller alpiner Kulturlandschaft, wie auf den 118 Almen im Naturpark.

Ab Mayrhofen verzweigt sich das Zillertal in vier große Täler, die „Gründe" genannt werden. Nach schluchtartigen Eingängen öffnen sich die Gründe zu breiten Weideflächen, die über Schutthalden zu den Gletschern führen. Mäandrierende Bäche durchfließen diese und stürzen sich dann als schäumende Wasserfälle in die Haupttäler.

Die 84 Gletscher des Naturparks haben mit ihren Trogtälern die Naturlandschaft geprägt. Ihre einstige Ausdehnung zur kleinen Eiszeit 1860 ist durch Endmoränen und Gletscherschliffe noch sichtbar. Hier der eindrucksvolle Gletscherschliff vor der Berliner Hütte.

Vom Bergdorf Ginzling über den Alpengasthof Breitlahner gelangt man zu einer der beeindruckendsten Hüttenbauten der Alpen, der denkmalgeschützten Berliner Hütte auf 2.005 Meter Seehöhe. Als vor 150 Jahren der Alpinismus das Gebiet des heutigen Naturparks erfasste, wurden zahlreiche Hütten erbaut. Alle sind sie mit dem "Berliner Höhenweg" verbunden. Auf diesem kann der Naturpark mit sieben Übernachtungen von Hütte zu Hütte durchquert werden.

Naturpark BUCHBERG

Kleiner Berg mit großer Aussicht

Es ist nur ein kleiner Schritt vom Trubel der Mozartstadt zur wohltuenden Stille in Salzburgs jüngstem Naturpark. Der Mattseer Buchberg (801 Meter) bietet unmittelbar vor den Toren Salzburgs Frei-Räume zum Kraft tanken, Aktiv sein und Genießen. Hier spürt man Ruhe und Lebensfreude, eingerahmt von harmonischer Kulturlandschaft, und staunt über Ausblicke auf mehr als 120 schroffe Kalkalpengipfel und das sanfthügelige Salzburger Seenland.

Der Rotfuchs (Vulpes vulpes) stellt an seinen Lebensraum keine besonderen Anforderungen und ist ein relativ anspruchsloser Allesfresser.

Einrichtungen und Angebote:

- Sechs Themenwege sternförmig auf den Buchberg
- Gipfelrundweg mit kleinem Aussichtsturm, Gehölzschaugelände, Spiel- & Grillplatz
- Keltengräber
- Elektrofahrrad-Touren
- Nordic Walking, Schneeschuhwandern, Langlaufen, ...
- Veranstaltungsprogramm & individuelle Erlebnisführungen
- Erstes Naturschutzdenkmal des Landes

www.naturpark-buchberg.at

Die Hainbuche (Carpinus betulus) bevorzugt nährstoffreiche Böden und ist im gesamten Buchberggebiet zu finden.

Die harmonische Kulturlandschaft des Buchbergs ist geprägt durch jahrhundertelange nachhaltige landwirtschaftliche Nutzung. Insbesondere zeichnet den Buchberg ein kleinräumiger und abwechslungsreicher Mix aus Wald (vorwiegend Mischwald) und weitläufigen Wiesen aus. Teiche, Streuobstwiesen und typische Bauerngärten setzen zusätzliche Akzente im Landschaftsbild.

Egal ob beim Wandern zwischen farbenfrohen Blumenwiesen, beim Sonne-Tanken über dem herbstlich-zähen Nebelmeer oder beim Schneeschuhwandern im glitzernden Winterwald - die sanft-hügeligen Formen machen das Gebiet ganzjährig zum idealen Ausflugsziel! Neben den landschaftlichen Reizen bilden lebendiges Brauchtum und gepflegte Alltagskultur eine ideale Ergänzung zu Badespass und kulturellen Aktivitäten im Ortszentrum von Mattsee.

Der Naturpark Buchberg steht für sanftes Naturerleben, Regeneration und Gesundheit - nicht für sportliche Höchstleistung.

Naturpark RIEDINGTAL in ZEDERHAUS

Almenruh bei Gams und Kuh

Im Südosten von Salzburg, in den Niederen Tauern, ist dieses landschaftliche Juwel mit wilden Karen und hohen Gipfeln, aber auch sanften Tälern und lieblichen, bewirtschafteten Almen zu finden. Das harmonische Ineinanderfließen von noch weitgehend intakter Naturlandschaft und naturnaher Kulturlandschaft inmitten der herrlichen Bergwelt mit reicher Alpenflora und -fauna bietet Erholung pur.

Beim Birkhahn (Lyrurus tetrix oder auch Tetrao tetrix) liegt über dem Auge ein unbefiederter, halbmondförmiger und intensiv roter Fleck, die sogenannten „Rosen".

Einrichtungen und Angebote:

- Innovatives Naturparkzentrum
- Aussichtsplattform „Brünnwandquellen"
- Themenwege „Rundwanderweg - Schlierersee", „Kraft der stillen Wasser"
- Almenwanderweg mit verschiedenen Stationen
- Genussvolle Angebote bei den Almbetrieben, diverse Almsommerangebote
- Ausgedehntes Wanderwegenetz sowie barrierefreier Wanderweg
- Rad- und Mountainbikeweg
- Tälerbusservice
- Natur- und Erlebnisführungen
- E-Bike Ladestationen

www.naturpark-riedingtal.at

Das Schmalblättrige Wollgras (Eriophorum angustifolium) kommt bei acht Gebirgsseen im Naturpark und im hinteren Talboden des Riedingtals vor.

Spiegelung des 2.680 Meter hohen Großen Mosermandl in einem Tümpel.

Der Naturpark Riedingtal wird von zwei Gewässern bestimmt. Der Hintere Riedingbach entspringt bei der Wasserfallscharte und erreicht nach 8,5 Kilometern den Schlierersee. Auf seinem Weg nimmt er zahlreiche Seitenbäche auf, fließt größtenteils unverbaut zu Tal und ist von großer ökologischer Bedeutung.

Neben dem Schlierersee gibt es über 40 natürliche Seen oder Tümpel im Naturpark.
Zu den größten zählen der Riedingsee, die Boarnlacke, der Rothenwändersee, die Esser Seen, der Zaunersee, der Hoislsee und der Ilgsee.
Kleinere Tümpel prägen das romantische Landschaftsbild. Sie werden von Schneefeldern, kleinen Gewässern oder Quellen gespeist.

Für einige Amphibien, wie den Grasfrosch oder den Bergmolch dienen die kleinen Gewässer als Laichhabitate.

Auf dem Bild links ist der Zaunersee mit dem dahinterliegenden Faulkogel zu sehen.

Blick auf den 2.654 Meter hohen Faulkogel.

Die Landschaft könnte kaum malerischer sein. Bäche mit glasklarem Wasser, Berge und eine intakte Natur - so präsentiert sich das Riedingtal. Die höchste Erhebung ist das 2.711 Meter hohe Weißeck. Im Bildhintergrund links oben ist das 2.522 Meter hohe Rothorn zu sehen.

Ein zentrales Element des Naturparks ist der „Almenwanderweg“. Er führt vom Naturparkzentrum talaufwärts - vorbei an mehreren bewirtschafteten Almen - von der Schliereralm - Gruberalm - Hoislalm - Ilgalm - Königalm - Zauneralm bis zur Örgenhiasalm. Die Rückreise kann mit dem Tälerbus individuell gestaltet werden.

Naturpark WEISSBACH

Grenzüberschreitendes Zusammenspiel von Natur und Mensch

Naturkundliche Besonderheiten wie Frauenschuh, Türkenbund oder Apollofalter zeugen von intakter Naturlandschaft, die in engem Wechselspiel mit traditionell bewirtschafteter Kulturlandschaft steht. Eingebettet in die Salzburger Kalkhochalpen bildet der Naturpark Weißbach mit dem Nationalpark Berchtesgaden einen gemeinsamen Naturraum, der von gelebter Grenzkultur zeugt und über ein weitläufiges Wanderwegenetz mit allen Sinnen erlebt werden kann.

Der tagaktive Rote Apollo oder Apollofalter (Parnassius apollo) ist im Naturpark Weißbach noch zahlreich anzutreffen.

Einrichtungen und Angebote:

- Naturparkzentrum mit Info und Shop
- Klammvorplatz mit Kletterberg und Spiel-Almhütte
- Seisenbergklamm mit Klammgeist
- Kneippanlage mit Wasserspielbucht
- Barfußwanderweg
- Almerlebnisbus
- Landschaftserlebnisweg
- Schaustadl
- „Walden“ - Wald mit allen Sinnen erleben
- geführte Erlebniswanderungen
- Almvergnügen: Kallbrunnalm, Litzlalm, Kammerlingalm und Hundsfußalm
- Alm- und Informationszentrum Kallbrunnalm

www.naturpark-weissbach.at

Die Echte Arnika (Arnica montana) kommt im Naturpark auf der Kallbrunnalm und der Litzlwiese vor.

Almen spielen im Naturpark Weißbach eine wichtige Rolle und prägen nachhaltig das Landschaftsbild. Drei große Gemeinschaftsalmen - die Kallbrunnalm, die Kammerlingalm und die Litzlalm - laden neben zahlreichen kleinen Almen zu Wanderungen und kulinarischem Almerlebnis ein. Im Sommer bringen die Bergbauern ihr Vieh auf die Alm, wo die kräuterreiche Milch dann Basis für besonders schmackhaften Käse und Butter ist. Im Alm- und Informationszentrum auf der Kallbrunnalm kann der Almkäse verkostet oder gekauft werden. Auch die Almausschanken und Jausenstationen bieten Almjausen in gemütlicher Atmosphäre an und freuen sich auf Ihren Besuch.

Eine der schönsten Klammen Österreichs - das Naturdenkmal Seisenbergklamm dient als Tor zum Naturpark Weißbach. Direkt von Weißbach an der B 311 gelegen, ist die 400 Meter lange Seisenbergklamm, im Jahr 1831 als Holztriftweg angelegt, begehbar. Über Wasserfälle hinweg spaziert man auf hölzernen Stegen und begleitet vom Klammgeist bis zur Dunkelklamm, deren enge Felswände kaum Sonnenlicht hindurch lassen. Die Seisenbergklamm begann vor etwa 12.000 Jahren zu entstehen, als das Eis der letzten Eiszeit in den Alpen schmolz und wurde durch die Kraft des Weißbaches, unterstützt durch Sand und Gestein, in die heutige beeindruckende Form gebracht. Nach ihrem geologischen Aufbau ist die Seisenbergklamm in zwei Teile zu trennen. Der vordere Teil ist dank der weicheren Liaskalke der Jura vom Weißbach zu einem breiteren Tal ausgeweitet worden. Hier wachsen an den Uferhängen zahlreiche Kräuter, Stauden und sogar Bäume. Gleich hinter der Vorklamm schiebt sich quer durch den Seisenberg ein Felsriegel aus wesentlich härterem Gestein des Dachsteinkalkes aus der Trias-Zeit. Der Weißbach muss hier weitaus härtere Arbeit leisten, um sich seinen Weg zu bahnen. Es entstanden sehr beeindruckende Erosionskolke. Durch die Enge der Felswände wird dieser Teil der Klamm auch Dunkelklamm genannt, in der das Wasser laut tosend zu Tal donnert. In diesem engen, feuchten Bereich wuchern verschiedene Moose auf dem glatten Fels.

Genießen Sie mit allen Sinnen die atemberaubende Landschaft im Naturpark Weißbach, wo sich die Natur einmal mehr als gestalterischer Meister erwiesen hat. Klammen, Schluchten, Niedermoore, Bergmischwälder sowie weitläufige Almen und Mähwiesen bilden ein Mosaik unterschiedlicher Lebensräume, die von einer jahrhundertelang gelebten Gemeinschaft von Mensch und Natur zeugen. Im Naturpark Weißbach lassen sich beeindruckendes Klammerlebnis im Naturdenkmal Seisenbergklamm mit Wanderungen durch naturnahe Wälder über artenreiche Almen bis ins alpine Gelände zu einem unvergesslichen Erlebnis verbinden.

Die meisten Almhütten auf den Almen im Naturpark Weißbach werden auch heute noch in traditionellem Stil erhalten oder gebaut. Verwendet wird vorrangig das Material, das vor Ort verfügbar ist - Holz und Stein. Die klassische Hütte aus Fichtenholz wird mit einem Legschindeldach versehen. Das Besondere an dieser Dachform aus Lärchenschindeln, die mit Schwersteinen fixiert werden, ist die aufwendige Verarbeitung durch viel Handarbeit. Alle paar Jahre müssen die Schindeln gewendet werden, um die lange Haltbarkeit dieses Daches zu gewährleisten. Traditionelle Zaunformen wie der Stangenzaun oder der Pinzgauer Zaun prägen ebenso als typisches Element das Landschaftsbild.

Die weitläufigen Almgebiete im Naturpark Weißbach bieten vielfältige Wandermöglichkeiten. Durch den Schutzgebietsverbund mit dem Naturschutzgebiet Nördliche Kalkhochalpen auf Salzburger Seite und dem Nationalpark Berchtesgaden auf Bayerischer Seite ist der Naturpark mit seinen naturräumlichen Besonderheiten auch hervorragendes Einstiegsgebiet zu Hochgebirgstouren und Weitwanderungen z. B. durch das Steinerne Meer. Wunderbare Kalkformationen wie Karre, Gletscherschliffe oder versteinerte Muscheln und Korallenstöcke direkt auf den Steigen machen die Wanderungen neben bunter Flora zu ganz besonderen Naturerlebnissen.

Naturpark DOBRATSCH

Das ganzjährige Erlebnis für die Sinne

Eingebettet in das herrliche Seenland Südkärntens liegt der erste Kärntner Naturpark, der Dobratsch, als östlichste Erhebung der Gailtaler Alpen. Die Schütt am Südhang des Berges ist das größte Bergsturzgebiet der Ostalpen und wird als Schmelztiegel der Natur bezeichnet. Die artenreiche Fauna und Flora wird hier zusätzlich durch das trockenwarme Klima und die weitgehende Unberührtheit begünstigt.

Mit viel Glück kann man im Naturpark Dobratsch das seltene Alpensteinhuhn (Alectoris graeca) erblicken.

Einrichtungen und Angebote:

- Aussichtsplattform (Parkplatz 6 Villacher Alpenstraße)
- Zahlreiche einfache und anspruchsvolle Wanderrouten
- Villacher Alpenstraße (Mautstraße)
- Naturlehrpfad in Warmbad Villach
- Museum des Nötscher Kreises
- Rosstratte: Panoramarelaxliegen beim Aussichtspunkt
- Kinderspiel- und Erlebnisplatz
- Geologischer Lehrpfad
- Stollenwanderweg Bad Bleiberg

www.naturparkdobratsch.info

Die Illyrische Gladiole (Gladiolus illyricus), oder Illyrische Siegwurz kommt im Naturpark auf der Gladiolenwiese in Oberschütt vor.

Der Dobratsch, auch Villacher Alpe genannt, stellt die östlichste Erhebung der Gailtaler Alpen dar. Der Name stammt aus dem Slowenischen und bedeutet so viel wie „Guter Berg“. Dank seiner einzigartigen Felssturzlandschaft gilt er nicht nur als einer der eindrucksvollsten Naturräume Kärntens, sondern er stellt auch für die Stadt Villach das wichtigste Trinkwasserreservoir dar. Das Kalkgestein wurde im Laufe der Jahrtausende ausgehöhlt und unterspült. Aus diesen Höhlen treten auch die mineralreichen, warmen Quellen zutage, die die Thermalbäder von Warmbad Villach speisen.

Die Tierwelt der Schütt besticht durch ihre Gegensätze. Während die Gladiolenwiese und die Trockenweiden Heimat einer Heerschar an Schmetterlingen und Käfern sind, tummeln sich in den Tümpeln Gelbbauchunken und in den Waldbächen Feuersalamander.
In starkem Kontrast dazu steht die Größe des Braunbären, der auf seinen Wanderungen von Kroatien und Slowenien die Schütt als Korridor zu den Alpen verwendet.
Aufgrund der Abgeschiedenheit großer Teile des Gebiets lebt hier eine Vielzahl an seltenen Vögeln, allen voran der Ziegenmelker, von dem hier die Hälfte der in Österreich nachgewiesenen Brutpaare zu finden ist.
Wanderfalke und Uhu, die in den felsdurchsetzten Steilwänden brüten, sowie der 1996 erstmals nachgewiesene Zwergschnäpper ergänzen das eindrucksvolle Artenspektrum.

Die alt- und totholzreichen Mischwälder bieten ideale Lebensräume für Eulen und Spechtarten sowie den Bockkäfer. Schlingnatter, Äskulapnatter und Hornviper bevorzugen die warmen Wiesen und Schutthalden, letztere konnte hier die größte Population in Österreich entwickeln. Die sonnenüberfluteten Wiesen aber gehören den Schmetterlingen. Baumweißlinge fliegen in regelrechten Schwärmen über die Magerwiesen. Im Dunkeln verborgen leben die Fledermäuse, von denen die Hälfte der in Kärnten nachgewiesenen Arten, wie das Große Mausohr in den Höhlen des Dobratsch Zuflucht finden.

Für viele Wanderer wird der Dobratsch keine Liebe auf den ersten Schritt sein, denn die Wege aus der Schütt auf den Gipfel sind steinig, sonnenexponiert und schwierig zu begehen. Die herbe Schönheit zu entdecken erfordert Aufmerksamkeit und ein langsames Annähern. Am Gipfel angelangt, wird man durch einen unvorstellbaren Rundblick auf Kärnten entschädigt, nach Süden reicht der Blick sogar bis zum Triglav in Slowenien. Daneben laden die beiden höchstgelegenen Kirchen Europas zur besinnlichen Andacht auf 2.159 bzw. 2.166 Meter Seehöhe ein. Sie stellen vor allem für Wallfahrer einen Anziehungspunkt dar. Seit 1708 finden alljährlich zu den Marienfeiertagen Kirchweihfeste statt.

Das Gebiet blickt auf ein jahrhundertelanges Nebeneinander von Mensch und Tier zurück. Während in den Hängen der Weinitzen einst Wein angebaut wurde, rodeten die Menschen die bewaldeten Flächen, um Wiesengelände zu gewinnen. Daraus gingen die idyllischen Landschaften der Rauth, der Seewiese oder der Gladiolenwiese hervor, die einst zum Futtergewinn gemäht wurden, um das Vieh zu ernähren.

Naturpark WEISSENSEE

Spielplatz der Natur

Eingebettet zwischen Drau- und Gailtal liegt der Naturpark Weissensee im Südwesten von Kärnten. Zwei Drittel des auf 930 Meter Seehöhe gelegenen Seeufers sind unverbaut. Eine Besonderheit ist die Tatsache, dass es keine Straßenverbindung zwischen dem West- und dem Ostufer und somit zwischen den beiden Naturparkgemeinden gibt. Naturliebhaber können mit dem Schiff, dem Rad oder zu Fuß zwischen den beiden Seeufern wechseln. Das günstige Klima bedingt eine reichhaltige Flora.

Ein Hauch Ostasien kommt mit der Mandarinente (Aix galericulata) ins europäische Gefilde. Mandarinenten sind sehr kälteunempfindlich.

Einrichtungen und Angebote:

- Naturpark Weissensee Fitness - Bewegungsimpulse im Naturpark
- Wasserspaß im Trinkwasser
- Angler- und Taucherparadies
- 200 Kilometer markierte Wanderwege
- Mountainbike- und Laufstrecken
- Nordic Walking Trails
- 6,5 km^2 Natureisfläche
- Langlaufzentrum
- Familienskigebiet mit Kinderskiwelt

www.weissensee-naturpark.at

Der Gelbe Frauenschuh (Cypripedium calceolus) kommt in lichten Wäldern mit kalkhaltigen Böden vor und ist strengstens geschützt.

Der Weißensee liegt in den östlichen Gailtaler Alpen und ist einem besonders naturbelassenen Großraum zuzurechnen. Die wirtschaftliche Tätigkeit wird mit Rücksicht auf den Naturraum betrieben und liefert wertvolle Beispiele für eine nachhaltige Weiterentwicklung einer spezifischen Region. Der Raum Weißensee hat sich in den letzten Jahren und Jahrzehnten zu einem attraktiven Ort für Erholungssuchende, Freizeit- und Profisportler entwickelt.

Mit dem Naturpark ist eine Fortführung der nachhaltigen Wirtschaftsweise in diesem Landschaftsraum gewährleistet und unterstützt naturnahe und ressourcenschonende Erholungsmöglichkeiten. Die Besucher werden durch Informations- und Bildungsangebote im Umgang mit der Lebensgrundlage „Natur" sensibilisiert.

Der enge Zusammenhang zwischen qualitativ hochwertigem, sanftem Tourismus und Erhaltung des intakten Naturraums ist der ansässigen Bevölkerung bereits lange bewusst. Demnach wurden in der Vergangenheit auch beispielhafte Aktionen zur Erhaltung der Kulturlandschaft ins Leben gerufen. Der Naturpark geht zur Gänze aus dem Landschaftsschutzgebiet Weißensee hervor.

Wunderschöne Ausblicke auf den See und die Tier- und Pflanzenwelt machen die Radtour oder die Wanderung zu einem unvergesslichen Erlebnis.

Fünf Schautafeln entlang des Promenadenweges zwischen Praditz und Techendorf geben einen Überblick über die vorkommenden Fischarten und über deren Lebensräume im Weißensee. Fischökologische Projekte kommen ebenso zur Sprache, wie die Möglichkeit, selbst als Petrijünger aktiv zu werden.

Für die wissenschaftliche Beratung und Unterstützung bedanken wir uns sehr herzlich bei Dipl.Ing. Marelli Asamer-Handler, Irmi Auer, Mag. Michael Brands, Mag. Matthias Danninger, Alois Fangmeyer, Marlene Fuchs, Franz Gfrerer, Claudia Gruber, Franz Handler, Christian & Veronika Hochauer, Dr. Monika Hubik, Dipl. Ing. Susanne Käfer, Mag. Christine Klenovec, Mag. MSc Daniel Kreiner, Mag. Verena Langer, Josef Leitgeb, Bianca Lux, Dipl.Ing. Volkhard Maier, Mag. Alexander Maringer, Mag. Johannes Meinhart, Kurt Mitterbäck, Dr. Karin Möstl, Max Moro, Karin Theresa Öhlinger, Manuela Reinhart, Dipl.Ing. Rainer Silber, Perditta Simschitz, Mag. Hermann Sonntag, Mag. Angelika Thaller, Mag.Herbert Völkl, Dipl.Ing. Gerlinde Wakonigg, Mag. Ronald Würflinger.

Quellen: Wikipedia, Bildband Österreichische Naturparke - Autoren: Mag. Klaus Krainer, Mag. Peter Mertz, VNÖ-Team, Dr. Wolfgang Müllebner, Axel Weiß, Dipl. Ing. Thomas Böhm, Mag. Uwe Grinzinger, Mag. Marlies Schaffenberger, Franz Handler, Verband der Naturparke Österreichs, 8010 Graz, Alberstraße 10, Homepages sämtlicher Naturparke Österreichs, Bildband „Waldzeit ist`s“ - Autoren: Dipl.Ing. Andreas Holzinger, Mag. Hermine Hackl, Land Burgenland, Land Kärnten, Land Niederösterreich, Land Oberösterreich, Land Salzburg, Land Steiermark, Land Tirol.

Sämtliche Aufnahmen in diesem Bildband wurden mit NIKON-Spiegelreflexkameras und NIKON-Objektiven gemacht.
Dieses Equipment hat sehr viel dazu beigetragen, unsere Bilder in dieser hohen Qualität, Brillanz und Schärfe darzustellen.

Nikon NPS Nikon Professional Services

www.herfriedmarek.com
www.ewaldneffe.com

Bibliografische Information der Deutschen Nationalbibliothek
Die Deutsche Nationalbibliothek verzeichnet diese Publikation in der Deutschen Nationalbibliografie; detaillierte bibliografische Daten sind im Internet unter http://dnb.d-nb.de abrufbar.

Auf Wunsch senden wir Ihnen gerne kostenlos unser Verlagsverzeichnis zu:
Leopold Stocker Verlag GmbH
Hofgasse 5/Postfach 438
8010 Graz
Tel.: +43 (0)316/82 16 36
Fax: +43 (0)316/83 56 12
E-Mail: stocker-verlag@ares-verlag.com
www.stocker-verlag.com

ISBN 978-3-7020-1396-7

Grafikdesign und Produktion: Ewald Neffe, 8181 St.Ruprecht/Raab, Raaballee 284
Druck: Gorenjski Tisk, Kranj, Slowenien

Hinweis: Dieses Buch wurde auf chlorfrei gebleichtem Papier gedruckt. Die zum Schutz vor Verschmutzung verwendete Einschweißfolie ist aus Polyethylen chlor- und schwefelfrei hergestellt. Diese umweltfreundliche Folie verhält sich grundwasserneutral, ist voll recyclingfähig und verbrennt in Müllverbrennungsanlagen völlig ungiftig.